I0052319

DES PROGRÈS

DE LA

FABRICATION DU FER

DANS LE PAYS DE LIÉGE

PAR

J. FRANQUOY

INGÉNIEUR CIVIL DES ARTS ET MANUFACTURES
SOUS-INGÉNIEUR AU CORPS DES MINES

Mémoire couronné par la Société libre d'Émulation de Liége

LIÉGE
F. RENARD, ÉDITEUR
RUE DES AUGUSTINS, 40

PARIS
É. LACROIX, LIBRAIRE
quai Malaquais, 15

LEIPZIG
F. A. BROCKHAUS, COMMⁿ
pour l'Allemagne

1861

DES PROGRÈS

DE LA

FABRICATION DU FER

DANS LE PAYS DE LIÉGE

EXTRAIT

DU

Recueil des ouvrages couronnés par la Société libre d'Émulation de Liège

DES PROGRÈS

DE LA

FABRICATION DU FER

DANS LE PAYS DE LIÉGE

PAR

J. FRANQUOY,

INGÉNIEUR CIVIL DES ARTS ET MANUFACTURES,
SOUS-INGÉNIEUR AU CORPS DES MINES

Mémoire couronné par la Société libre d'Émulation de Liége

LIÉGE

F. RENARD, ÉDITEUR

RUE DES AUGUSTINS, 10

PARIS	LEIPZIG
E. LACROIX, LIBRAIRE	F. A. BROCKHAUS, COMM^{rs}
quai Malaquais, 15	pour l'Allemagne

1861

LIÉGE

IMPRIMERIE DE L. DE THIER & F. LOVINFOSSE

MÉMOIRE

SUR

L'HISTORIQUE DES PROGRÈS

DE LA

Fabrication du Fer dans le Pays de Liége.

———o◦◇◇◇◦o———

La civilisation d'un peuple est en raison de la quantité de fer et de houile dont il dispose.
(Les Économistes modernes.)

CHAPITRE PREMIER

INTRODUCTION

État de la sidérurgie dans les Gaules jusqu'à la fin du VIIIᵉ siècle.

SOMMAIRE. — FABRICATION DU FER CHEZ LES GAULOIS. — BAS FOYERS.
— PERFECTIONNEMENTS APPORTÉS PAR LES ROMAINS. — SOUFFLERIES.
— PREMIERS EMPLOIS DU CHARBON DE BOIS ET DES FONDANTS. —
INVASION DES BARBARES. — PÉRIODE DE DÉCLIN.

Quatre siècles avant le Christ, Brennus et les Gaulois allèrent montrer aux Romains qu'ils savaient élaborer le fer et en forger des armes redoutables.

Alors déjà la connaissance de cet art s'était répandue bien au-delà des limites de la république, et l'on vantait à Rome le fer de Styrie, l'acier de la Norique et les épées des Celtibériens.

Par quelle filiation s'était donc répandu jusque dans les forêts gauloises le secret d'un art dont l'origine remonte au-delà des temps historiques, et dont l'Orient paraît avoir été le berceau?

En effet, les témoignages mosaïques en rapportent la découverte à Tubalcaïn, qui vivait 3,000 ans avant le Christ. L'Histoire profane, de son côté, la réclame pour Vulcain, et en fixe l'époque vers les temps du déluge de Deucalion.

Peut-être ce furent les peuples de l'Espagne qui portèrent au-delà des Pyrénées des procédés qu'ils tenaient eux-mêmes des Phéniciens et autres peuples voyageurs venus de l'Orient.

Peut-être encore, comme le pense M. Raepsaet, les tribus éburonnes et nerviennes, originaires du Pont-Euxin, ont-elles apporté avec elles des secrets qui, dans leur patrie, devaient être depuis longtemps répandus.

Peut-être, enfin, des populations également barbares, disposant de matériaux semblables, se sont-elles nécessairement rencontrées dans les moyens de satisfaire à des besoins identiques.

Mais, sans chercher à éclaircir ces incertitudes, et laissant à l'historien son rôle et son domaine, ne nous emparons de ces traditions que pour reculer de quelques siècles la valeur d'un témoignage plus authentique et plus précis. Nous le trouvons dans Jules César, affirmant qu'au temps de la conquête, l'art de fondre les minerais de fer, de ployer et d'assouplir le métal à divers usages, était bien connu des peuples de la Gaule; et qu'enfin ils y avaient acquis toute l'habileté et rencontré tout le succès compatibles avec leurs moyens d'action.

Ainsi quatre cents ans avant l'ère commune, nous trouvons déjà usitées dans la Gaule les pratiques les plus essentielles de l'art des forges. Mais si ces méthodes naïves contenaient en germe toute la civilisation matérielle d'aujourd'hui, elles ne signalaient encore qu'un premier pas dans une voie qui devait être longue à parcourir. La vulgarisation des procédés les plus simples ne fut, en effet, que l'œuvre tardive des siècles qui suivirent. Pour longtemps encore, grâce à la nécessité, grâce aussi à la dureté qu'une trempe habile savait lui donner, le cuivre prête son concours à tous les usages ordinaires de la vie. Désormais l'utilité du fer est comprise, mais les lenteurs et les difficultés inséparables d'une fabrication naissante lui donnent une valeur fantastique. On n'en fait encore ni des faucilles ni des socs de charrues; c'est un produit précieux réservé à de nobles usages, c'est-à-dire qu'avec les idées d'alors on dut en forger, avant tout, des épées et des lances.

On se demande aujourd'hui comment des peuples dans l'enfance ont su créer, sans l'aide d'un outil, ce qui réclame, de nos jours, la connaissance de tous les arts et le concours d'une industrie cyclopéenne.

L'histoire rapporte que l'incendie d'une forêt fit connaître aux peuples de la Scythie que la terre qu'ils fouillaient contenait un métal précieux, et que l'ardeur du feu pouvait l'en extraire.

Tels furent sans doute les premiers éléments sur lesquels ces peuples essayèrent leur génie. Ils prirent ce que la nature leur offrit au milieu des forêts : le bois pour alimenter la combustion et l'action naturelle des vents pour l'aider dans son œuvre.

Au temps où nous vivons, les peuplades de la Tartarie et les nègres de l'Afrique, visités par Mungo-Park, disposent des mêmes ressources et usent de moyens identiques.

On éleva donc au sommet des collines quelques massifs de pierres inaltérables au feu. Une poche ou cavité hémisphérique d'un pied de profondeur, ménagée au sommet de ce massif, constitua la cuve du fourneau. On y alluma du bois sec en petits fragments, et, quand l'ardeur du feu devint assez intense, on y jeta, par portions faibles et successives, quelques livres d'un minerai fusible et bien pulvérisé. Grâce à la nature des substances, à la chaleur continue qu'entretenait dans le creuset un combustible sans cesse renouvelé, et enfin à la présence des cendres dont la combustion elle-même avait été le résultat, l'on voyait se produire, sur une petite échelle, tous les phénomènes qui caractérisent encore aujourd'hui le travail par les méthodes catalanes.

Le fer se réduisait progressivement au contact du charbon, et formait avec lui un carbure liquéfiable. Les gangues rencontraient, dans la portion non réduite du minerai, les éléments indispensables à leur fusion. La cendre du charbon contribuait encore à donner à la masse plus de liquidité. Le fer régénéré y apparaissait successivement sous forme de globules, qui bientôt se soudaient entre eux au fond du creuset. La loupe ainsi formée s'affinait ensuite sous l'action du courant d'air, et, retirée du feu, recevait, par un forgeage grossier, des formes en rapport avec sa destination.

Jusqu'au XIIe siècle, tous les efforts, toutes les tendances s'attachèrent à féconder cette méthode de fabrication, c'est-à-dire l'affinage direct du minerai dans un seul appareil et sa conversion immédiate en produits malléables.

Il faut sans doute rapporter au temps de la domination romaine les premiers progrès que firent les Gaulois dans l'art de préparer le fer.

Et en effet, depuis longtemps, les Romains avaient dû puiser dans la Grèce et l'Asie les secrets d'un art dont ils avaient éprouvé la nécessité et pressenti la grandeur. Peut-être même le comprirent-ils autrement que leurs devanciers, et surent-ils le développer sur une échelle plus romaine. On ne peut admettre que le travail isolé d'un homme, les appareils restreints et primitifs, fussent en rapport avec leurs besoins. Il leur fallut des foyers plus vastes et mieux conçus, des usines plus étendues et plus nombreuses.

Il y a, entre l'idée de ces développements et celle des progrès accomplis, une connexion intime, nécessaire; et s'il fallut, pour épuiser en quelques siècles les gisements ferrugineux de l'Eubée, autre chose que le foyer chétif d'un barbare, il fallut aussi, pour produire le fer qui servit à son dépouillement, des procédés économiques, c'est-à-dire des méthodes rapides, des appareils vastes et perfectionnés.

Cette civilisation industrielle, nous la reçûmes, sans doute, spontanée et accomplie; et si les documents qui en accusent l'existence nous donnaient, avec le pressentiment de sa grandeur, quelques détails sur ses moyens et ses méthodes, nous pourrions les appliquer tout entiers à la Gaule de la période romaine. Mais nous le répétons, ces traditions se sont à jamais perdues à travers les siècles du moyen-âge. Tout ce que nous savons, c'est que les méthodes nouvelles trouvèrent dans les Gaules un peuple avide de les saisir, et habile à les féconder.

L'histoire des transformations et des progrès qui s'accomplirent vers cette époque est aussi complètement inconnue. Il paraîtrait cependant que le IVe siècle fut marqué par la découverte d'un nouvel appareil pour l'élaboration du minerai, et qu'alors déjà les bas foyers avaient reçu quelques perfectionnements. Mais l'une des découvertes les plus importantes, parmi celles qu'importèrent chez nous les Romains, fut celle des appareils destinés à recueillir le vent pour le lancer ensuite dans le foyer de combustion. Les premières machines de l'espèce furent des outres de cuir percées d'un seul orifice. Tels étaient les soufflets usités chez les peuples antiques ; tels sont encore ceux que nous retrouvons aujourd'hui chez les peuplades de l'Afrique intérieure.

Au surplus, il paraît certain que les Romains se servirent d'un soufflet à diaphragme mobile assez semblable à ceux qu'employaient les forges du Xe siècle. C'est un appareil de forme cylindrique, muni d'un porte-vent sur le plan fixe et d'une âme ou soupape aspirante sur son disque mobile.

Les faibles dimensions de ces appareils, jointes à la simplicité des moyens jusqu'alors employés, font supposer que les soufflets de forges étaient mus à bras d'hommes. Cependant il paraît certain que, vers la fin du IVe siècle, une scierie de marbre, mue par l'eau, était établie sur la Roer. Nous pensons néanmoins qu'il faut reporter à une époque plus moderne l'emploi ordinaire des roues hydrauliques à la manutention des marteaux et des souffleries.

L'une des plus grandes difficultés qui durent arrêter, dans l'origine, ceux qui tentèrent de fondre les métaux, fut de rencontrer à chaque instant, dans le bois employé comme combustible, des quantités d'eau toujours variables et indéterminées. C'était là un élément qui enlevait, par sa vaporisation, une forte quantité de chaleur, et dont la mesure ne se rencontrait, pour ainsi dire, que dans les difficultés de l'opération.

De là, sans doute, l'idée d'éliminer, d'abord par une dessication spontanée ou artificielle, puis enfin par une carbonisation complète, cette source d'irrégularités et de mécomptes.

Le faible degré de chaleur que l'on savait alors produire dans les fourneaux exigeait que le choix des minerais fût restreint aux variétés les plus fusibles, c'est-à-dire aussi les plus rares. Et encore ce choix, qui n'empruntait rien à la certitude de l'analyse, n'avait-il pour guide que des caractères purement physiques et toujours incertains. Aussi dut-il arriver fréquemment que la masse soumise à l'action du feu se montra tout-à-fait réfractaire à son action, et que l'opération fut manquée.

D'un autre côté, le métal puisait souvent dans la gangue du minerai des impuretés, telles que le soufre, le phosphore, l'arsenic, qui en altéraient les plus précieuses propriétés.

L'expérience dut faire découvrir encore certains fondants qui, mélangés à la charge, lui communiquaient une fluidité plus grande, en même temps qu'ils s'emparaient des principes étrangers qui auraient pu souiller la pureté du fer.

En résumé, l'emploi des soufflets à diaphragme mobile ; l'usage ordinaire du bois carbonisé ; la connaissance de quelques mélanges aisément fusibles : tels sont, nous paraît-il, les traits saillants de la méthode usitée dans la Gaule romaine.

Les peuples barbares qui surgirent au cinquième siècle imprimèrent à la sidérurgie une immobilité, une stagnation complètes. Aussi avons-nous cru retrouver, dans le livre publié en 1546 par Agricola, des procédés analogues. Ceux qu'il décrit se rapportent, dit-il, à des temps très-anciens. Ajoutons qu'il fit ses observations en Allemagne, où la sidérurgie était de son temps très-arriérée.

Voici ce que dit Agricola (*De Re Metallica*, liber nonus) :

« Les minerais de fer de bonne qualité doivent être fondus dans
» des foyers hauts de 3 1/2 pieds, d'une largeur et d'une hauteur
» égales à 5 pieds. Au centre du creuset doit se trouver un four-
» neau haut de 1 1/2 pied. Les dimensions peuvent varier selon que
» l'on voudra fabriquer plus ou moins de fer. Que l'on donne au
» fondeur une mesure fixe de minerai, soit que l'on puisse en tirer
» une petite ou une grande quantité de fer. L'ouvrier jettera
» d'abord du charbon dans le creuset, en y ajoutant à peu près une
» pelletée de minerai broyé et mêlé avec de la chaux non encore
» éteinte par l'eau. Il continuera cette opération jusqu'à ce qu'il
» ait formé, avec les substances, un petit monceau. Puis il mettra
» le feu au charbon, excitera la flamme au moyen des soufflets, et
» fondra de la sorte son minerai. Ce travail peut l'occuper pendant
» 8 à 10 heures, quelquefois même pendant 12 heures. Près du
» fourneau doit se trouver une longue perche servant, soit
» lorsque les soufflets soufflent trop fort, ou bien que l'ouvrier
» ajoute le reste du minerai et du charbon, ou bien en retire les
» scories ; soit encore lorsqu'il veut ouvrir ou fermer les portes du
» canal par lequel les eaux coulent sur la roue, et arrêter ou faire
» mouvoir les soufflets. De cette manière, le fer se fondra vive-
» ment, et se formera en une masse de deux à trois cents livres,
» selon la richesse du minerai. Bientôt après l'ouvrier laissera
» couler les scories et refroidir la masse de fer. Puis, avec ses
» aides, il lèvera cette masse du feu en se servant de crochets de
» fer. Cette masse sera battue avec des marteaux en bois assez
» légers, mais dont les manches sont longs de 5 pieds. Cette opé-

» ration sert à enlever du fer les scories qui y sont attachées, tout
» en le raffermissant et en repliant le fer sur lui-même. Car si on
» le soumettait immédiatement au grand marteau de fer que fait
» mouvoir l'axe de la roue, le métal se dissiperait en éclats. Sous
» le gros marteau, le métal sera divisé en 5 ou 6 morceaux, selon
» sa quantité plus ou moins grande. Les parties seront refondues
» dans un autre foyer, et, après les avoir de nouveau soumises au
» marteau, les forgerons en formeront des masses carrées, des
» bandes et surtout des baguettes. Mais, à chaque coup de marteau,
» l'ouvrier jettera de l'eau sur le métal rouge. C'est là ce qui
» produit ce grand bruit que l'on entend dans les forges.

 » Lorsque la masse a été retirée du fourneau, il y reste souvent
» du fer dur, qu'on manie difficilement, et dont on fabrique des
» instruments d'une grande dureté. »

 Voilà sans doute une industrie bien développée et bien active.
Elle met en œuvre de lourds marteaux pour le cinglage, de puissants courants d'air dans ses foyers; elle emploie des roues hydrauliques de grand diamètre pour activer l'un et l'autre. Les
foyers de fusion sont vastes : on en compte souvent plusieurs dans
les usines. On produit en 12 heures une loupe de fer de 300 livres.
On ne fait pas mieux aujourd'hui dans les Pyrénées et la Navarre.

 Et cependant nous retrouvons dans cette méthode, surannée
déjà de plusieurs siècles lorsqu'elle fut décrite, le type de notre
industrie primordiale, druidique ou romaine. Dépouillez-la, en
effet, de ses emprunts aux arts mécaniques; diminuez les dimensions des appareils, leurs charges et leurs produits ; et vous aurez,
sans varier le travail ni dans sa conduite ni dans son principe,
le feu de forge pour la fusion, le soufflet ordinaire pour l'insufflation du vent, et enfin une loupe de fer aussi volumineuse que
pourra la forger le marteau d'un homme.

 Le Vᵉ siècle fut une période de décadence qui ne nous est connue
que par des traditions peu sûres. On ne peut croire cependant que
la civilisation matérielle des Romains, palpable et saisissante
même pour un barbare, disparut tout-à-coup au milieu des désor-
dres de la conquête. Les titres deux et cinq de la loi Salique, qui
prouvent l'existence d'artisans sachant travailler le fer et l'or; le
tombeau de Childéric à Tournai, offrant des armes de grand luxe
et de riches objets d'orfèvrerie, prouvent d'ailleurs que la déca-

dence fut moins durable et moins profonde dans l'ordre matériel que dans les lois et dans les mœurs.

CHAPITRE II

Progrès de la sidérurgie depuis la fin du VIIIᵉ siècle jusqu'aux premiers emplois de la fonte.

SOMMAIRE. — FOURNEAUX ÉLEVÉS OU STUCKOFEN. — CONSÉQUENCES DE LEUR DÉCOUVERTE. — LEUR DESCRIPTION D'APRÈS AGRICOLA. — LEURS AVANTAGES ET LEURS INCONVÉNIENTS. — ILS FOURNISSENT INDIFFÉREMMENT DU FER ET DE L'ACIER. — LE PAYS DE LIÉGE APPARAÎT COMME INDIVIDUALITÉ POLITIQUE. — LE BON MÉTIER DES FÈBVRES.

Le règne de Charlemagne ouvre une ère nouvelle. Il fait naître les premières lueurs de civilisation en favorisant le travail et l'industrie.

Or l'industrie, de quelque côté qu'on la considère, dans ses œuvres les plus humbles comme dans ses manifestations les plus gigantesques, se rencontre partout tributaire d'une industrie essentielle et première. Nous avons nommé la sidérurgie.

N'est-il pas dès lors infiniment remarquable qu'au temps où se manifestèrent en Europe les premières tendances vers le travail, corresponde, dans la préparation du fer, l'un de ces progrès qui font époque dans son histoire ? Nous voulons parler de la transformation des bas foyers en fourneaux élevés, autrement dits fourneaux à masse ou Stuckofen.

Cet accroissement dans la hauteur de la cuve, qui devait changer la face de la sidérurgie, procéda sans doute par augmentations graduelles et successives. Il était d'ailleurs en relation intime avec la puissance des appareils affectés à l'insufflation de l'air. Aussi est-il fort difficile de préciser l'époque à laquelle les fourneaux élevés constituèrent, par leurs dimensions, leur forme et leur nom, un genre d'appareils parfaitement distincts et bien caractérisés.

On sait seulement que vers l'an 720 s'ouvrirent les mines de l'Erzgebirge, le berceau de la sidérurgie de l'Allemagne. Au dire des métallurgistes, c'est là que les fourneaux élevés prirent naissance sous le nom encore usité de Stuckofen.

De là, dit Karsten *(Lehrbuch der Eisenhueten Kunde)*, ils se répandirent successivement en Allemagne, en Alsace et en Bourgogne, où ils contribuèrent d'une manière puissante à la généralisation de la fabrication du fer.

Quelle idée devons-nous maintenant nous former de ces fourneaux? Celle d'un massif de maçonnerie dont le vide intérieur affectait la forme d'une pyramide quadrangulaire tronquée. 5 à 6 pieds de hauteur, deux à trois pieds carrés de section, telles étaient sans doute leurs dimensions moyennes. Un soufflet de cuir, activé à bras d'hommes, peut-être par une roue hydraulique, complétait l'appareil. Les matières, chargées au gueulard par couches alternatives, descendaient, stratifiées, jusqu'au fond du creuset. Une loupe de fer pesant de 200 à 300 livres était le résultat d'une opération de 7 à 8 heures. Elle fut d'abord évacuée par le haut du fourneau, mais quand, par suite de son exhaussement, cette opération cessa d'être praticable, on ménagea, pour l'évacuation de la masse et des résidus de la fusion, une ouverture à la base de l'appareil. Cette ouverture demeura clôturée par une maçonnerie grossière pendant l'élaboration des substances. Enfin le cinglage et le travail de la pièce ne présentèrent aucune particularité que nous ne connaissions déjà.

Telles sont du moins les conjectures qu'en l'absence de tout document précis doivent suggérer quelques renseignements parvenus jusqu'à nous. Au temps d'Agricola, c'est-à-dire au commencement du seizième siècle, le travail des stuckofen, bien que arriéré de plusieurs siècles, était usité dans la plus grande partie de l'Allemagne. Nous rapporterons ici les quelques lignes qu'il leur consacre.

« Les minerais de fer qui se *liquéfient difficilement* exigent plus » de travail et un feu plus ardent. Non-seulement il faut séparer » les parties métalliques de celles qui ne le sont pas (les trier), » mais encore il faut les broyer et les calciner pour en chasser les » autres métaux et les matières nuisibles, et les laver pour en » séparer les matières plus légères. On les fond ensuite dans un » fourneau semblable au premier, *mais beaucoup plus large et plus* » *haut,* afin qu'il puisse contenir plus de charbon et de minerai. » On le remplira de fragments de minerai et de charbon. Les

» fondeurs parviendront à introduire ces matières dans le fourneau
» au *moyen d'un escalier* appliqué au mur extérieur ; de ce minerai
» fondu on tirera du fer, qui, après avoir été soumis au gros mar-
» teau, sera divisé en plusieurs parties au moyen d'un tranchant. »
(De Re Metallica.)

Bien que les fourneaux à masse et les bas foyers se présentent
sous des aspects très-dissemblables, leur principe commun est,
nous l'avons dit, l'affinage direct du minerai de fer dans un seul
appareil et la conversion immédiate en produits malléables.

Voyons maintenant quels sont les traits saillants du travail de
ces fourneaux, et les caractères qui leur assignent, parmi tous les
appareils d'élaboration, une individualité propre et distincte.

Une basse température, une réduction incomplète du minerai,
la présence permanente d'un laitier riche en oxydule de fer, voilà
pour la conduite de l'opération ; une section large, une hauteur
relativement faible, voilà pour l'appareil.

Il ne s'agissait pas seulement, en effet, de réduire le minerai, il
fallait encore brûler le carbone avec lequel il s'était allié immédiatement après la réduction ; il fallait, en d'autres termes, affiner le
fer cru qui s'était amassé à la partie inférieure du fourneau ; il
fallait que la chaleur ne s'élevât jamais jusqu'au point de fusion du
métal, de crainte qu'elle ne vînt, en le liquéfiant, le dérober trop
tôt à l'action des agents de décarburation ; il fallait, enfin, que la
masse présentât constamment un mélange de fer oxydé et de fer
carburé, et cela dans des conditions où il pût s'établir, entre ces
deux corps, une réaction mutuelle et continue, dont le fer pur et
malléable était le résultat.

A côté d'une foule d'inconvénients, cette méthode présentait un
avantage. Il est de principe que tous les procédés par lesquels le
minerai se réduit imparfaitement améliorent la qualité du fer.
C'est la suite naturelle du faible degré de chaleur qui règne dans
ces fourneaux. La plupart des éléments terreux qui souillent le
métal ne subissent pas de réduction à cette température, et sont
absorbés par la scorie. Au surplus, le fer s'en dégage d'une façon
d'autant plus aisée, que la séparation s'opère par une sorte de
liquation plutôt que par fusion complète.

Et encore cette production du fer de toute pièce, sans manipulations, sans réchauffages subséquents, se présente au premier abord sous un aspect qui séduit par une apparente simplicité.

Malheureusement ces avantages ne résistent pas à un examen sérieux.

Ainsi l'affinage exigeait, pendant tout le temps de son œuvre, la présence d'un silicate assez riche en oxydule de fer pour qu'il pût s'établir, entre la scorie et le fer cru, un échange de carbone et d'oxygène. Or, pour que cette scorie eût une action efficace, il fallait que sa composition ne fût pas éloignée de celle d'un bisilicate, correspondante à une teneur de 30 % en métal. Il en résultait que le tiers du métal contenu dans le minerai sortait du fourneau à l'état de scorie.

Ce n'était là cependant, eu égard à l'abondance des minerais, qu'un inconvénient secondaire. Mais l'appareil renfermait en lui-même un vice de nature : c'était de fournir toujours des produits hétérogènes et incertains. Ainsi, lorsque l'affinage s'était longtemps prolongé et complètement accompli, on obtenait du fer d'excellente qualité. Si la décarburation avait été moins intense, on obtenait souvent de l'acier, mais plus souvent encore du fer cru, aigre et cassant, impropre à tout usage.

M. Flachat dit, d'après Schwedenborg et en parlant des stuckofen de la Styrie :

« Les produits se divisaient en deux portions de nature dis-
» tincte. La partie supérieure du bain métallique s'affinait com-
» plètement sous l'influence du vent et des scories, et se con-
» vertissait en bon fer ; tandis que la partie inférieure, restant
» combinée à une plus grande quantité de fer cru, exigeait un
» remaniement complet dans un foyer spécial. On y terminait
» l'opération commencée en y liquéfiant une ou plusieurs fois
» la masse, sous l'influence du charbon et de l'air forcé, jusqu'à
» ce qu'on eût atteint la qualité que l'on désirait obtenir. »

Ainsi s'évanouissait tout l'avantage de la méthode ; et telle est, en effet, son infériorité relativement aux procédés qui la firent disparaître, qu'aujourd'hui même, dans le Henneberg et l'Arriége, malgré tous les perfectionnements dont elle s'est entourée, on ne parvient à produire, avec son secours, le quintal métrique de fer en barres qu'avec une consommation de 350 kilog. de charbon, et une perte sèche d'un tiers au moins de l'excellent minerai dont on dispose.

Néanmoins la découverte des fourneaux à masse ouvrit un champ nouveau à l'industrie sidérurgique, en lui permettant de s'appliquer à des variétés de minerais plus diverses et plus communes. Ainsi, bien que la méthode chimique ne fût pas altérée, et que le principe vicieux de l'affinage immédiat du minerai continuât à dominer la préparation du fer, on s'appliqua, par le perfectionnement des appareils et l'emploi des forces mécaniques, à féconder les procédés existants, en les entourant de toutes les améliorations dont ils étaient susceptibles.

Le progrès se fit encore sentir par la vulgarisation des méthodes, et la production s'accrut sous l'influence combinée de la multiplication et du développement individuel des usines. Les forges se rapprochèrent des cours d'eau : les forces hydrauliques furent employées à la manutention des souffleries et des marteaux, et la préparation du fer sortit enfin du domaine restreint des efforts isolés.

Aucun des faits énoncés jusqu'ici ne se rapporte d'une manière spéciale au Pays de Liége. Mais il faut se rappeler que, jusqu'au VIIIe siècle, cette principauté demeura confondue, sans nationalité et sans histoire distincte, parmi les districts de la Tongrie. Ceux-ci, eux-mêmes, réunis au royaume d'Austrasie, n'eurent pas non plus d'individualité bien marquée. Nous n'avons voulu, en nous aidant de quelques témoignages épars, souvent même en procédant par induction, que rechercher vers quel temps et de quelle manière prit naissance chez nous notre industrie la plus nationale.

A mesure que nous avançons, les documents deviennent plus précis et plus nombreux. Dès qu'ils apparaissent, nous voyons le Pays de Liége se placer, avec l'Espagne, à la tête de la sidérurgie, et désormais son nom n'est plus séparé de l'histoire de tous les progrès, de toutes les transformations que l'art subit pendant les siècles qui suivirent.

C'est un spectacle merveilleux que celui du Pays de Liége au Xe siècle. Là se rencontre un peuple plein de vigueur et jaloux de ses droits jusqu'à la turbulence. Lui seul il secoue les institutions qui pèsent sur l'Europe, et devine, au milieu de l'engourdissement universel, une organisation politique meilleure que le servage et d'autres droits que la raison du plus fort. C'est là que retentissent pour la première fois les mots de liberté, chartes et franchises. Les gens de métiers, tour-à-tour artisans et soldats, s'organisent en corporations puissantes, en associations à la fois politiques et industrielles, pour la défense des droits imprescriptibles de la liberté et du travail.

C'est donc au milieu des plus heureuses influences que se développa, dans le Pays de Liége, l'art de la mise en œuvre du fer, qui jeta sur lui tant d'éclat pendant le XIIe siècle. Le bon *métier des Fèbvres*, voilà celui qui constitua notre industrie la plus nationale, celui où se développèrent nos aptitudes natives. Le fer et l'acier furent assouplis, ployés à tous les usages. De merveilleux ouvrages de serrurerie que l'on admire encore, des armes qui allèrent dans le monde entier disputer à l'Écosse et à l'Espagne leurs célèbres monopoles, sortirent en foule des forges liégeoises alors sans rivales.

C'est alors que prirent naissance toutes les industries variées que comporte la préparation et la mise en œuvre du fer, et que s'élèvent, sur tous les points de notre province, ces ateliers où l'ouvrier liégeois acquit une habileté que l'on n'a point surpassée; c'est là que se prépare la supériorité dont il fit toujours preuve, et qu'il conserva, quand, de nos jours, vinrent à naître la grande industrie et la concurrence de tous les peuples.

CHAPITRE III

De la Fonte.

SOMMAIRE. — DÉCOUVERTE DE LA FONTE. — SES PREMIERS EMPLOIS. — DIVISION DE LA SIDÉRURGIE EN DEUX BRANCHES. — LA DÉCOUVERTE DE LA FONTE INAUGURE LA FABRICATION DU FER A BON MARCHÉ. — FONTE DE MOULAGE. — LA DÉCOUVERTE DE LA FONTE EST DUE AU PAYS DE LIÉGE.

On se rappelle que la loupe de fer résultant de l'élaboration du minerai dans le fourneau à masse s'y rencontrait fréquemment en mélange d'un fer cru ou mal affiné, qui s'accumulait surtout au fond du creuset. Ce fer *liquide*, comme on disait alors, se figeait par refroidissement à la manière des scories, mais il acquérait en même temps une dureté qui émoussait les meilleurs outils, une aigreur et une fragilité qui le rendaient impropre à tout usage. Chauffé au feu de forge, ce fer, au lieu de se ramollir au blanc soudant, entrait tout-à-coup en pleine fusion sans que l'on pût saisir l'instant précis où il fût possible de le travailler au marteau.

A ces caractères, il est impossible de méconnaître la fonte, c'est-à-dire un composé de fer et de carbone affectant une texture, une agrégation moléculaire distinctes. Mais la nature de cette substance ne fut révélée que bien tard et avec le secours des analyses les plus délicates de la chimie moderne. On fut tout d'abord frappé des dissemblances qui se manifestaient dans les caractères extérieurs, dissemblances si profondes, en effet, qu'elles paraissaient accuser l'existence de deux métaux tout-à-fait distincts. Dans cette ignorance, on ne dut point soupçonner qu'un simple remaniement du fer cru pouvait lui communiquer tous les caractères du fer ductile.

Quelques essais furent cependant tentés en vue d'utiliser ce produit. Agricola nous apprend que l'on en fit usage pour transformer en acier des barres de fer malléable.

« Pour faire de l'acier, voici, dit-il, comme on fera : on choisira » un fer qui se liquéfie facilement (de la fonte), et qui, quoique » dur, peut aisément se fondre; ce fer sort des minerais mous et » fragiles. Il sera rougi au feu, brisé en petits fragments, puis » mélangé avec des pierres liquéfiées (scories). On fera dans le » fourneau à fer un creuset de cette même poudre qui sert pour » les creusets à or et à argent (brasque). Il sera large de 1 1/2 pied » et haut de 1 pied. On placera les soufflets de manière à ce que » le vent soit dirigé au centre du creuset. Ensuite celui-ci sera » rempli des meilleurs charbons. Autour du creuset on placera des » pierres afin d'empêcher l'écoulement du fer (fonte) et la chute » des charbons. Puis on fera donner les soufflets. Le maître fon- » deur y jettera autant de fer et de pierres liquéfiées qu'il le jugera » convenable. Au centre de la masse fondue, il mettra quatre mor- » ceaux de fer pesant chacun 30 livres; il fondra le tout pendant » 5 à 6 heures en agitant souvent le liquide afin que la réaction se » produise dans toutes les parties; puis il relèvera un morceau de » fer à la fois pour le soumettre à l'action du grand marteau. De » cette manière, il étendra la masse de fer, puis il la plongera toute » chaude dans l'eau pour la tremper. Il la soumettra ensuite de » nouveau au marteau, et examinera si dans le bain il reste encore » du fer, ou si le tout s'est converti en acier. » *(De Re Metallica.)*

Cependant le but constant que l'on se proposait d'augmenter la production faisait accroître tous les jours la hauteur des fourneaux. Ce fut dans le Pays de Liége et le comté de Namur, qui, au dire des métallurgistes, étaient alors les centres sidérurgiques de l'Europe, que se manifestèrent surtout ces tendances. Or, à mesure que les appareils acquéraient plus de développement dans le sens de la hauteur, les produits liquides devinrent plus abondants, et le déchet s'accrut avec eux. C'était la conséquence naturelle de la haute température qui régnait dans l'appareil. Le fer régénéré par les gaz désoxydants, uni ensuite au carbone, se dérobait par la fusion au contact et à l'action des agents d'affinage.

Dans l'impuissance où l'on se trouvait de diminuer ce déchet toujours croissant, on dut songer à tirer parti de la fonte. On fit cette remarque que, chauffée dans un bas foyer, au contact du charbon et de l'air insufflé, elle s'adoucissait par degrés, acquérait une ductilité de plus en plus prononcée, et devenait enfin susceptible de forgage.

Peu à peu l'ancien foyer d'épuration, qui n'avait d'abord été qu'un accessoire obligé, une sorte de remède à un vice inhérent à la fabrication, devint graduellement d'un usage plus général, et enfin d'une nécessité de premier ordre. Ainsi prirent naissance les feux d'affinerie.

Dès lors la fabrication du fer se subdivisa naturellement en deux manipulations distinctes : la production de la fonte dans le haut-fourneau, puis l'affinage de celle-ci dans les feux d'affinerie.

A mesure que cette méthode vint à se généraliser, chacun des deux appareils subit des transformations en rapport avec sa destination nouvelle.

On avait remarqué, en effet, que l'on obtenait des produits d'autant plus liquides que le fourneau se profilait plus frêle et plus élancé. Aussi prit-il successivement des dimensions plus grandes dans le sens de la hauteur, tandis que sa section se rétrécit progressivement. La hauteur s'accrut ainsi en peu d'années de 3 à 5 mètres. Le résultat de cette modification fut une condensation plus complète de la chaleur dans l'intérieur de l'appareil, un contact plus prolongé du combustible avec les matières soumises à son action.

Mais ce qui distingua dès le principe la nouvelle méthode de celle qu'elle devait faire oublier, ce fut un changement radical dans la conduite de l'opération. Le fer cru accumulé dans le creuset devait être sans cesse protégé par une couche de laitiers contre l'action décarburante du courant d'air. Mais il n'était plus nécessaire que ces laitiers eux-mêmes fussent riches en oxydule de fer.

Cette circonstance, essentielle dans l'ancienne méthode, devait même contrarier les effets que l'on cherchait à produire dans la méthode nouvelle. On diminua donc la charge en minerai par rapport à la charge en combustible ; on modifia l'inclinaison des tuyères ; enfin on stratifia constamment les matières à élaborer par couches régulières et alternatives.

Les avantages immédiats de ce mode d'élaboration furent l'économie du minerai, l'emploi de substances plus communes et plus variées, la continuité de l'opération et l'accroissement de la production.

La découverte de la fonte exerça sur les destinées ultérieures de la sidérurgie la plus large et la plus heureuse influence. On peut dire qu'elle inaugure la fabrication du fer à bon marché, et qu'elle constitue en quelque sorte la découverte du fer lui-même, comme métal utile, abondant, universel.

Nous n'avons jusqu'ici envisagé la fonte que comme un produit intermédiaire entre le minerai et le fer malléable. A ce point de vue déjà, sa découverte constitue un progrès de premier ordre. Mais elle avait encore une portée bien autrement grande que nous allons chercher à faire ressortir.

On avait découvert, en effet, dans le fer, des propriétés précieuses et nouvelles. La fonte était elle-même comme un nouveau métal que l'on se procurait par une opération grossière, et qui, jeté en moule, recevait, sans art et sans dépense, les formes les plus complexes, les empreintes les plus délicates. Une dureté plus grande, une inaltérabilité plus prononcée, étaient encore autant de caractères qui diversifiaient entre elles les deux manières d'être du métal, autant de propriétés utiles pour la variété de ses usages. On sut dès lors obtenir des effets plus certains d'une opération rapide et machinale, que de l'habileté consommée, du labeur intelligent de l'artisan. Ainsi s'évanouirent la plupart des difficultés du forgeage.

La mise en œuvre du fer cru par voie de moulage ne dut être, il est vrai, qu'une conséquence assez éloignée de sa découverte. Elle exigeait elle-même des procédés spéciaux dont il fallut d'abord faire l'apprentissage. Au surplus, la fonte obtenue à l'aide des minerais alors susceptibles de traitement formait toujours une masse aigre et dure, impropre à être jetée en moule. Fusibles à la première impression du feu, ils ne donnèrent que des fontes blanches et cassantes. On ignora donc l'usage du fer cru jusqu'à l'instant où l'on eut appris à l'obtenir à l'aide de minerais plus réfractaires.

Mais si l'art de jeter le fer en moule ne se confond pas dans son origine avec la découverte de la fonte, il n'en fut pas moins l'un des plus heureux, l'un des plus féconds résultats. Les ressources de la forge ne permettaient pas l'emploi du fer en grandes masses, du moins dans des conditions d'économie accessibles à des usages courants et ordinaires. La connaissance des procédés de moulage fut une brillante solution du problème. Par elle, la fonte reçut une foule d'emplois domestiques ; c'est à sa faveur que se développèrent les arts mécaniques ; c'est à elle, enfin, que nous devons encore aujourd'hui nos machines à vapeur et notre architecture métallique presque tout entière.

Si nous nous sommes étendu aussi longuement sur la transformation que subit la préparation du fer au XIIIᵉ siècle, si nous en avons fait ressortir le caractère et la portée, c'est que l'histoire générale de la sidérurgie se confond avec celle de l'industrie liégeoise, et que c'est au sein du Pays de Liége que se préparèrent ou s'accomplirent tous ces progrès, par la découverte de la fonte.

Nous disons le Pays de Liége, mais on ferait erreur en entendant, par là, la circonscription géographique que ce mot rappelle aujourd'hui. Il faut, pour rester dans la vérité, lui restituer ses extensions d'autrefois, c'est-à-dire une partie des provinces de Namur et du Hainaut. Et encore ne pourrons-nous renfermer les progrès accomplis dans des limites aussi étroites, aussi artificielles, et devons-nous les étendre à tout le territoire sidérurgique de la Belgique moderne.

Telle est, en effet, la contrée que les métallurgistes d'autrefois désignaient sous le nom de Pays-Bas Autrichiens ou Espagnols, et à laquelle ils attribuent la plupart des progrès qui font époque dans l'histoire de la sidérurgie.

Cette expression bien entendue, nous n'hésitons plus à affirmer que la découverte et les premiers emplois de la fonte eurent lieu dans le Pays de Liége, et qu'il faut rapporter ces événements à une époque très-ancienne, c'est-à-dire au commencement du XIIIᵉ siècle.

Il nous suffirait d'établir, pour mettre ces faits en lumière, que les procédés liégeois pour l'élaboration du minerai entraînaient nécessairement la production de la fonte, alors que les autres peuples de l'Europe en étaient encore aux appareils surannés, qui avaient pour principe l'affinage immédiat du minerai et sa conversion directe en fer malléable.

Mais ces faits resteraient sans valeur s'ils n'étaient fortifiés par les témoignages des nations rivales. Eh bien, ces témoignages, nous les rencontrons de toutes parts, et l'amour-propre national ne nous a rien disputé. Aucun peuple, à la faveur de l'obscurité qui enveloppe le moyen-âge, n'a élevé jusqu'aujourd'hui de prétentions à cet égard. Tous ont conservé dans leur histoire la date encore fraîche à laquelle furent, chez eux, introduites les nouvelles méthodes et le nom du peuple qui vint les leur apprendre.

Ainsi Agricola, qui écrivait en 1546 et qui nous a transmis tous les procédés qui de son temps étaient usités en Allemagne, ne parle nulle part des fourneaux à produits liquides.

« Mais de ce silence, dit M. Flachat, on doit conclure que cet
» auteur ignorait ce qui se faisait alors, ou qu'il ne jugea pas à
» propos d'en parler plus longuement, car il paraît certain qu'à
» cette époque les qualités de la fonte avaient été appréciées. *Dès le*
» *XIIIᵉ siècle, elle était connue dans les Pays-Bas* (Namur, Luxem-
» bourg et Liége). »

Ainsi, la France et l'Allemagne reconnaissent avoir appris chez nous l'art de préparer et de travailler la fonte. Il est certain, d'un autre côté, que la Suède ne s'appropria que deux siècles plus tard ce mode de travail, et que l'Angleterre est redevable au continent des procédés qu'elle sut perfectionner avec tant d'éclat.

Ainsi de toutes parts s'accordent les témoignages ; et la gloire d'avoir opéré dans la sidérurgie une révolution qui préparait, avec ses succès ultérieurs, une révolution dans le monde matériel, nous reste du consentement de tous les peuples, sans conteste et sans partage.

Et cependant, hâtons-nous de le dire avec sincérité, une opinion contraire a été récemment émise. Karsten, et d'autres après lui, ont placé sur les bords du Rhin les premiers appareils affectés à la production de la fonte. Mais si cette opinion s'appuie sur l'autorité d'un grand nom, elle est empreinte en retour d'une partialité nationale qui en atténue singulièrement la valeur. Aussi n'hésitons-nous pas à nous inscrire en faux contre elle, et à rechercher, dans le témoignage même de celui qui l'a émise, des faits qui doivent l'écarter.

Nous nous emparons d'abord d'un aveu :

« C'est dans les Pays-Bas, dit Karsten, que la hauteur des
» stückofen s'accrut d'abord. »

Or, que signifie cet accroissement de hauteur, et quel progrès
entraîne-t-il avec lui dans la pensée du métallurgiste allemand ?
Nous l'avons dit, le développement de la cuve avait pour effet de
produire une chaleur intense dans le corps du fourneau ; à cette
température, le fer cru entrait en pleine fusion, échappait ainsi
à l'action des agents d'affinage, et se retrouvait à l'état liquide
au fond du creuset. Dans le Pays de Liége, ces effets se produi-
saient d'une manière régulière. On remarquait une tendance permanente à augmenter sans cesse la hauteur de la cuve, à produire
par conséquent ce fer cru dont ailleurs on ne savait tirer aucun
parti. Ces faits mettent hors de doute que l'on y connaissait l'art
de traiter la fonte et de lui enlever par l'affinage tout le carbone
dont on l'avait de plein gré chargée pendant la fusion.

Au surplus, la méthode d'affinage autrefois généralement usitée,
celle que l'on retrouve encore en Suède et sur les bords de la
Lahn, et dont la méthode d'affinage par masse et la méthode
bourguignonne ne sont que des variétés, porte à la fois le caractère
de son ancienneté et la trace de son origine : de son ancienneté, par
la petite quantité de fer à laquelle elle s'applique (20 à 30 kilog.) ;
de son origine, par le nom qui la distingue. Nous avons nommé la
méthode wallonne.

Et encore la découverte de la fonte ne fut ni l'œuvre d'un
jour ni l'application d'un principe scientifique. Elle résulta du
concours des efforts individuels, des secrets révélés et répandus
par la routine. N'avons-nous pas vu des peuples dans l'enfance
construire des pompes sans connaître la pression de l'air, préparer le verre, la porcelaine, séparer les métaux, avec les seules
données de l'expérience, créer enfin tout ce qui était nécessaire à
leurs besoins, par une sorte de pressentiment gisant dans leur
nature, par une intuition plus forte que toute science ?

Ainsi s'accomplit la découverte de la fonte. Elle dut naître là où
une longue observation avait appris toutes les ressources, di-
vulgué tous les secrets de la sidérurgie.

Dès lors, on ne peut douter que ce ne fut de la Belgique, c'est-à-
dire du foyer des connaissances sidérurgiques de l'Europe, que dut
jaillir la lumière ; que c'est de là que partit la brillante découverte
de la fonte, fruit de l'expérience de ses nombreux et habiles artisans.

Enfin, ce fut surtout dans le Pays de Liége que la fabrication du fer par l'affinage de la fonte se généralisa et acquit de l'extension. Ce fut pour lui pendant trois siècles un monopole qui défia toute concurrence. Ainsi, tandis que la France ne connaissait encore que le travail aux feux catalans; tandis que l'Allemagne, l'Angleterre, la Suède suivaient les vieux errements, les nombreux et vastes fourneaux de Liége, Namur et Luxembourg, alimentaient le commerce du monde entier. Et quant, au XVe siècle, surgit dans le Pays de Liége la découverte des *hauts-fourneaux*, toutes les nations de l'Europe, l'Allemagne, la Suède et l'Angleterre surtout, lassées d'une lutte inégale, vinrent réclamer à prix d'or le concours des artisans liégeois pour importer chez elles les secrets et les pratiques d'une industrie qu'elles n'avaient su atteindre.

Ainsi que, suivant le rapport de Karsten, l'on établit sur les bords du Rhin et vers la fin du XIIIe siècle des fourneaux destinés à la production du fer cru, c'est ce que nous ne chercherons pas à contester; mais ils furent certainement construits à l'imitation des fourneaux des Pays-Bas, contre lesquels ils ne parvinrent jamais à lutter; que l'Allemagne eut ensuite la bonne fortune de désigner par le nom germanique de *flussofen* les appareils qui lui venaient de l'étranger, c'est là encore un fait bien établi. Mais, en ce qui regarde la découverte de la fonte, nous la revendiquons comme une œuvre liégeoise, comme un des plus beaux titres de notre gloire nationale.

CHAPITRE IV

Le Pays de Liége, ses ressources, son organisation industrielle.

SOMMAIRE. — INTRODUCTION. — MINES DE FER. — RICHESSES FORESTIÈRES. — ORGANISATION DU BON MÉTIER DES FÈVRES.

Le quinzième siècle fut marqué par une évolution nouvelle dans l'art des forges. L'appareil de première élaboration se modifia dans sa forme et prit le nom de haut-fourneau. La période inaugurée par cet événement est pleine de faits remarquables et cette fois plus certains.

C'est à partir de cette époque que se perfectionna l'art du moulage et que furent établies dans notre province une foule d'usines qui, sous le nom de fenderies, laminoirs, fabriques de tôles, de fer-blanc, d'acier cimenté, etc., contribuèrent à étendre le domaine de la sidérurgie, en embrassant tout le travail accessoire que l'on fait subir au fer avant de le livrer au commerce sous mille formes variées.

Avant de faire de chacune de ces spécialités l'objet d'une étude individuelle, nous passerons rapidement en revue les ressources que le Pays de Liége offrait à la sidérurgie, et l'organisation industrielle qui les fit mettre en œuvre.

Si l'on jette un coup d'œil sur le Pays de Liége, si l'on considère la multitude et la variété des richesses minérales que la nature y a comme entassées; son bassin carbonifère, ses forêts autrefois si vastes et si peuplées, ses mines de fer inépuisables, ses cours d'eau ramifiés de toutes part; si l'on considère enfin sa population libre, industrieuse et compacte, l'on comprend que ce coin de terre a reçu une sorte de prédestination industrielle, l'on ne s'étonne plus de ses prospérités passées, et l'on attend avec confiance celles que l'avenir lui réserve.

Il est peu de contrées où la mine de fer soit aussi abondante que dans l'ancien Pays de Liége. Des filons, des couches, des amas considérables, des formations géologiques entières s'y montrent partout. Les divers gisements présentent entre eux des différences dont la cause se retrouve, soit dans leur mode de formation, soit dans leurs altérations subséquentes. Il en résulte dans la nature du minerai une heureuse variété qui permet de corriger, par un assortiment convenable des matières, les vices individuels de chaque espèce.

Malgré la diversité de leur aspect, tous les minerais anciennement exploités dans le Pays de Liége, comme ceux du comté de Namur, se rangent dans la catégorie des minerais hydratés. Ils se rencontrent soit en amas et sous forme de grains, soit en couches d'inclinaison variable, et sous l'aspect de masses jaunâtres et caverneuses.

Les minerais du Pays de Namur étaient en général imprégnés de phosphore, et ce métalloïde se retrouvait en grande partie dans le métal après leur élaboration. Aussi le fer obtenu était-il caractérisé par une texture cristalline, dépourvu de ténacité, cassant à froid, et connu dans le commerce sous le nom de *fer tendre*. Ce métal, qui s'employait avantageusement pour la fabrication des clous, s'importait en fortes quantités dans le Pays de Liége.

Les minerais de cette dernière localité fournissaient en général un fer très-doux, très-liant, que le commerce désignait sous la dénomination de *fer fort*. C'est à la faveur de cette heureuse circonstance que se développa chez nous la fabrication de la tôle et du fer-blanc.

Sans parler des premiers essais, qui se firent sans développement et sans art dans les temps les plus reculés, l'exploitation du minerai de fer dans la province de Liége est fort ancienne. Dès le XVIe siècle, cette exploitation était régularisée par des édits émanés de l'autorité ; elle avait ses méthodes et ses pratiques rationnelles. Le droit d'extraire la mine résultait d'une autorisation du prince-évêque, qui déterminait, avec les limites de la concession, le droit de l'exploitant ainsi que la redevance au propriétaire du sol et à l'État. C'est grâce à ces octrois, conservés dans nos archives, que nous possédons aujourd'hui quelques détails sur ce sujet.

Le document le plus ancien date de 1567. C'est une permission qui concède au nommé Nicolas Latour le droit de tirer des mines de fer au ban de Seraing.

Bientôt après furent ouvertes, d'après des actes authentiques de rendage, des exploitations dans les communes de Prayon (1573), de Tilff (1585), de Soumagne (1600), du bois de Franchimont (1611), et du bois de la Plomberie-lez-Huy (1648).

Le rapprochement de ces faits et de ces dates témoigne assez d'une industrie active et florissante. Cet empressement vers la recherche et l'exploitation des mines prouve que cette industrie devait être lucrative. En poursuivant les citations, il nous serait facile de faire voir que toutes les parties du territoire furent fouillées avec soin et à plusieurs reprises. Nous préférons donner ici un extrait d'un règlement édité par le prince-évêque de Liége pour régulariser l'exploitation des mines de fer de la commune de Beaufays.

RÉGLEMENT TOUCHANT LES MINES DE FER QUI SE TIRENT DANS LA COMMUNE DE BEAUFAYS. (1689).

« Jean Louis, par la grâce de Dieu, évesque et prince de Liége, » duc de Bouillon, marquis de Franchimont, comte de Looz et de » Horne, à tous ceux qui ces présentes verront, salut.

» Apprenant qu'il se commet des abus dans le tirage des minerais
» de fer dans la commune de Beaufays, au grand préjudice de nos
» droits et du public, nous avons trouvé à propos de faire les régle-
» ments suivants; ordonnons qu'ils soient ponctuellement observés,
» publiés, affichés, pour la connaissance d'un chacun.

 » PREMIER. — Que personne ne se présume de fossoyer es dittes
» commune pour chercher minéraux de fer, les tirer, les mesurer,
» sans l'advoir adverty au commis à la collecte des droits de terrage
» nous appartenant, à peine de confiscation pour la première fois et
» d'arbitraire pour la seconde.

 » DEUX. — Que toute personne qui aura fait marquer un ouvrage
» devra faire mettre la main en œuvre ens six semaines en après
» et travailler sans discontinuer jusqu'à ce qu'il soit entièrement
» achevé, sous peine d'en estre descheu, sans qu'il sera plus ac-
» cordé au futur après les dittes six semaines aucun renouvellement.

 » TROIS. — Que tous ceux qui auront commencé un ouvrage auront
» douze toises de longueur, savoir six d'un costé et six de l'autre,
» y compris les fosses, sans pouvoir aller plus avant, sous peine de
» dix florins d'or d'amende, applicables comme nous trouverons
» convenir, et de restitution des dommages, à ceux dans les ter-
» rains desquels ils auraient empris.

 » QUATRE. — Ils seront tenus d'enfoncer leurs ouvrages jusqu'à la
» vive eau. Six toises d'un côté, six de l'autre, comme ci-dessus, à
» peine de confiscation, et pourra à cet effet, le dit commissaire,
» faire visiter les dits ouvrages d'un mois à l'autre, par un connais-
» seur assermenté tel que nous trouverons à propos de commettre,
» voire que la visite sera faite à la charge du maître de l'ouvrage.

 » CINQUE. — Qu'ils ne recevront dans leurs ouvrages aucun étran-
» ger, à quel titre que ce soit.

 » SIX. — Que tous ceux qui voudront entreprendre un ouvrage, le
» devront faire inscrire dans notre chambre des comptes, en payant
» pour chaque, un escalin et en advertir notre commis au lieu
» avant de le commencer.

 » SEPT. — Que celui qui trouvera avec ses associés une nouvelle
» veine, pourra avoir avec eux, un ouvrage en commun.

 » Donné en notre chambre des comptes, à Liége, le 14 de sep-
» tembre 1689. » (*Archives de la province.* — Dépêches).

Cet octroi consacre les traits principaux du droit d'exploiter les mines, tel qu'il fut établi un siècle plus tard par la législation française.

Ainsi le principe de la propriété domaniale des mines y est reconnu, et l'on n'abandonne pas aux caprices du propriétaire du sol des richesses souterraines dont dépend la prospérité publique.

Tous les maîtres de forges peuvent obtenir le droit de fossoyer et de tirer des mines de fer sur le terrain d'autrui. Ce droit leur est acquis sur leur demande et en vertu d'un octroi émané de l'autorité souveraine.

L'étendue de la concession est limitée (douze toises de chaque côté du puits).

Comme il importait que la richesse minérale sortît du sein de la terre, et que le droit d'extraire ne fût point stérile dans les mains de son détenteur, ce dernier était tenu de commencer l'exploitation dans le délai de six semaines.

Il ne fallait pas non plus que le minerai fût gaspillé et que l'exploitant abandonnât la mine après avoir enlevé les affleurements du gîte. Les règlements statuaient d'enfoncer les ouvrages jusqu'à l'instant où l'abondance des eaux forçât à les abandonner.

Les droits du propriétaire de la surface étaient sauvegardés par les indemnités qu'il recevait, en réparation de tout dommage, et par le dérentage qu'il percevait sur les produits de l'extraction.

Le fisc partageait lui-même les bénéfices de l'exploitation, et recevait une redevance calculée sur deux bases : l'une, fixe, était exigible avant l'ouverture de la mine; l'autre se réglait d'après l'extraction.

On ne peut trop admirer la sagesse de ces règlements, qui, plus tard, servirent de base à la législation minière de tous les peuples.

Tant que la sidérurgie demeure circonscrite et languissante, les forêts des escarpements de l'Ourthe et de la Meuse lui fournirent en abondance le combustible que réclamaient ses opérations. Sous ce rapport même, le comté de Namur avait été plus largement doué que le Pays de Liége. Au surplus, l'autorité avait pris, en vue de la conservation de la richesse forestière, les mesures les plus sages et plus efficaces. Les forêts du domaine public étaient affectées à l'alimentation des forges, et toute leur étendue distribuée en coupes réglées qui chaque année se vendaient à l'enchère.

Mais quand le travail du fer eut acquis de plus larges proportions, quand la forêt déjà éclaircie dut céder la terre à l'agriculture, la métallurgie se vit tout-à-coup comprimée dans son développement, et bientôt après menacée même dans son existence. Les appréhensions les plus graves, les inquiétudes les mieux justifiées surgirent dans tous les esprits. Le temps ne pouvait qu'aggraver la situation. La source de la richesse publique semblait tarie, et l'industrie nationale destinée à disparaître avec l'un de ses éléments les plus indispensables. Et tel eût été, sans doute, le sort de l'industrie du Pays de Liége, si la nature n'eût déposé, dans l'intérieur de son sol, ce riche bassin carbonifère qui en assurait l'existence pour de longues années encore.

Nous savons tous la légende de ce forgeron liégeois qui, vers le XIIe siècle, apprit, par voie de révélation divine, à connaître et à utiliser les propriétés précieuses du charbon de terre. C'est à la faveur de la teinte merveilleuse que lui prêtèrent des populations naïves, que cette tradition, glorieuse pour le Pays de Liége, s'est conservée à travers les âges, et qu'elle a transmis jusqu'à nous le souvenir inaltéré d'un événement qui n'intéressait pas seulement la sidérurgie, mais encore l'industrie et la civilisation humaines tout entières.

Au surplus, toutes les circonstances s'accordent pour fortifier encore le témoignage qui se voile sous cette fiction. Ainsi, tandis que la plupart des bassins carbonifères sont enfouis sous des terrains de recouvrement, les couches du Pays de Liége viennent de toutes parts se profiler à fleur de sol. Dès lors on ne peut admettre que l'aspect étrange du charbon de terre, les circonstances de son gisement, n'aient vivement éveillé l'attention d'un peuple qui le rencontrait à chaque pas. La texture organique de la houille, la nature végétale de ses empreintes, sa légèreté spécifique, la diversifiaient d'ailleurs de toutes les roches voisines et devaient donner un pressentiment de ses propriétés. Le génie industriel du peuple liégeois fit le reste.

D'autres nations, il est vrai, ont élevé sur des faits analogues des prétentions semblables; mais elles resteront sans valeur si l'on considère que, durant de longues années, l'exploitation du Pays de Liége mérita seule le nom d'industrie, par une extension sans égale, par une législation régulière, et, enfin, par des moyens puissants et des méthodes rationnelles. C'est chez nous que furent pour la première fois employés à l'extraction les baritels à chevaux; et c'est en s'inspirant des appareils qui, dans sa patrie, étaient depuis longtemps usités pour l'épuisement, que le Liégeois Rannequin conçut l'idée de cette fameuse machine de Marly qui étonna l'Europe. Tels sont les faits qui firent de tout temps regarder le Pays de Liége comme la terre classique de l'industrie houillère.

Cependant cette exploitation primitive et limitée dans ses moyens entama à peine notre bassin carbonifère en quelques points de ses affleurements. Toute la richesse minérale de la profondeur fut réservée pour l'avenir, intacte et inexplorée. Elle était destinée à prendre dans la sidérurgie deux rôles également importants, mais essentiellement distincts.

Le charbon de terre n'était pas seulement, en effet, un agent calorifique de haute valeur ou, par là même, un vaste réservoir de forces mécaniques; c'était encore, par lui-même ou par ses composés, l'agent de désoxydation le plus énergique que la chimie pût offrir aux arts industriels.

Mais il appartenait à un avenir encore fort éloigné de rendre, par une distillation préalable, la houille propre à jouer ce dernier rôle. Les circonstances de son gisement, en la privant de pureté, lui enlevaient, par là même, le caractère le plus essentiel de tout agent chimique. Mélangé de bitume et de substances pyriteuses, le charbon de terre était non-seulement impropre à l'élaboration des matières dans le haut-fourneau, mais encore au travail d'épuration des feux d'affinerie. La liquidité du fer dans ces deux appareils le mettait en contact par tous ses points avec deux principes essentiellement nuisibles à sa nature, et possédant pour lui une tendance énergique à la combinaison. Les impuretés du combustible se retrouvaient en entier dans le produit obtenu, et altéraient profondément ses caractères de ténacité et de soudabilité. Au surplus, la friabilité du charbon, divisé de toutes parts par des substances terreuses, opposait encore des obstacles d'un autre ordre, mais également insurmontables.

Tous ces inconvénients devaient s'évanouir dès l'instant où l'on ne demandait au charbon de terre qu'une source de chaleur; dès l'instant où l'on cessait de placer le métal et le combustible à l'état de pénétration intime et moléculaire. Le simple contact des surfaces était inoffensif pour la qualité des produits. A ce point de vue même, la houille avait sur les combustibles végétaux toute la supériorité de sa haute valeur calorifique. Aussi le charbon de terre se prêtait-il parfaitement au travail que l'on fait subir au fer brut pour le transformer en produits marchands.

Ainsi la substitution de la houille au charbon de bois dans la partie mécanique de la fabrication du fer, tel était, dans l'état des connaissances, le seul progrès susceptible de réalisation immédiate. C'est là ce qui fut compris de bonne heure par le peuple liégeois.

Aussi la première mention de la houille qui soit faite dans notre histoire nous la représente-t-elle comme servant à l'alimentation ordinaire d'un feu de forge. A partir de cet instant, le charbon de terre joue chez nous un grand rôle dans la sidérurgie. Il lui communique même une impulsion propre, un caractère spécial. La fabrication du fer se subdivise géographiquement, et partout se met en harmonie avec les ressources locales. Le Pays de Namur, riche en forêts et en mines, s'attache à l'élaboration première des substances ; les hauts-fourneaux et les affineries s'y multiplient à l'envi ; là se prépare le fer en grosses barres destinées à l'étirage. Le Pays de Liége, au contraire, s'occupe avec ardeur de la transformation de ce fer brut en mille objets d'utilité immédiate, de consommation usuelle. Partout s'élèvent des fonderies, des forges, des martinets, et bientôt après des laminoirs.

A côté des éléments les plus indispensables à la fabrication, c'est-à-dire la matière sur laquelle elle s'exerce, se rencontrent dans le Pays de Liége d'autres substances minérales de nécessité première. Rivale de l'Angleterre quant à sa constitution géologique, la Belgique possédait d'immenses amas de calcaire que la nature argileuse des minerais réclamait pour la fusion ; des argiles qui, durcies au feu, constituaient des matériaux absolument réfractaires. Elle possédait enfin ce fameux poudingue siliceux de Barse et de Marchin, sans rival aujourd'hui pour la construction des creusets de hauts-fourneaux, et que nos concurrents d'outre-mer, eux-mêmes, sont forcés de réclamer de nos carrières.

De quelque côté que l'on envisage l'industrie humaine, elle se présente partout comme tributaire du mouvement. C'est peu de posséder la matière sur laquelle elle s'exerce ; il faut encore le concours des forces mécaniques pour opérer sur cette matière les transformations que le bras de l'homme est impuissant à produire.

Au point de vue de la force motrice et de la facilité des transports, la nature avait largement favorisé le Pays de Liége. La

Meuse le traversait dans toute son étendue comme une large artère destinée à charrier au loin les produits de son industrie. La multitude de ses affluents, ramifiés de toutes parts, formaient un réseau complet de voies économiques de transport. C'est ainsi que l'Ourthe et la Vesdre, l'Emblève et le Hoyoux, activant dans leur cours les usines établies sur leurs bords, rapprochaient, sans peine et sans dépense, la mine, la forêt et la forge.

Mais, en dehors de ces circonstances matérielles, les causes de la prospérité de l'industrie se compliquaient des influences du milieu social et politique ; car les dons les plus heureux de la nature demeurent stériles, s'ils ne sont fécondés à chaque instant par la propension du peuple vers le travail, et par une organisation politique qui la favorise.

Ainsi, dans la vitalité industrielle du Pays de Liége, il faut voir autre chose qu'une conséquence fatale, nécessaire, de la configuration du sol, que la suite inévitable d'un accident géologique. Il faut aussi faire la part du génie des populations et de l'étude approfondie, intelligente, qu'elles surent faire, à chaque pas, de leurs ressources et de leurs moyens d'action.

L'ancienne organisation industrielle du Pays de Liége dérivait à la fois de son organisation politique et des coutumes de son commerce.

Ainsi, nous l'avons dit, ce n'est point à proprement parler la préparation du fer, mais bien plutôt sa mise en œuvre, sa conversion en produits marchands et manufacturés, qui fut l'objet de l'industrie et la source de la richesse liégeoise.

La plus grande partie du fer ouvré dans nos usines se tirait, à l'état de grosses barres non calibrées, des provinces de Namur et de Luxembourg. Mais ce métal n'était point un produit commerçable ; ce n'était que le résultat d'une première élaboration qui demandait à être complétée.

Le travail du fer brut, son étirage en barres ; sa conversion en clous, en tôles, en fer-blanc, en acier; le moulage de la fonte, la fabrication de la quincaillerie et des armes, tel est l'objet et le partage des usines liégeoises.

L'ensemble de tous les arts qui ont rapport à ces travaux fut connu de tous temps à Liége sous le nom de *Corporation du bon Métier des Fèvres*.

D'après le principe de cette association, le droit de travailler est un privilége. Nul ne peut exercer aucune profession ayant trait à la production ou à la mise en œuvre du fer, sans être inscrit sur les registres de la corporation. Cette faculté elle-même est subordonnée à deux conditions : il faut être bourgeois de la Cité, et avoir produit, devant les maîtres du métier, son chef-d'œuvre de maîtrise.

Les maîtres de la corporation se choisissaient un chef ou mayeur, qui présidait à leurs réunions.

Le bon métier des Fèbvres comprenait trois catégories d'associés :

1° *Les marchands.* Ceux-ci se procuraient à leurs frais, dans le comté de Namur et le Luxembourg, le fer brut en grosses barres, qu'ils fournissaient aux maîtres de forges. Ces derniers, moyennant un prix convenu, étiraient le métal en barres marchandes, le convertissaient en clous, en tôles, etc., le transformaient, enfin, en un produit commerçable. Là recommençait le rôle du marchand, qui faisait le trafic extérieur et écoulait ses produits en Hollande, en Allemagne, en France et même en Angleterre.

2° *Les maîtres de forges.* Les maîtres de forges s'appliquaient à la création d'une spécialité d'objets manufacturés.

3° Ils étaient secondés dans leurs travaux par des ouvriers auxquels ils payaient un salaire. La plupart des ateliers, activés par une roue hydraulique, s'étaient groupés sur les bords de nos cours d'eau; ils comprenaient, dans leur variété infinie, des forges, des laminoirs, des fenderies, des fabriques d'armes, d'acier, de clous, de tôles, de fer-blanc. Ils travaillaient ordinairement sur commande et à façon. Leurs opérations s'exécutaient en général à l'aide du charbon de terre, qui se tirait à bas prix des environs de Liége. L'absence de tous frais généraux, la jouissance gratuite de la force motrice; l'économie de la fabrication: enfin l'habileté traditionnelle de l'ouvrier liégeois, tout contribuait à rendre ces usines actives et florissantes.

Cette organisation industrielle sera peut-être critiquée aujourd'hui que la concentration du travail dans la grande usine paraît une cause puissante, et même une condition essentielle de prospérité.

Et cependant l'industrie liégeoise, en se ramifiant jusque dans l'atelier de l'artisan, s'était, alors comme aujourd'hui, placée dans les seules conditions compatibles avec son objet.

Tributaire des forces hydrauliques, le travail du fer avait dû s'étendre et se diviser pour recueillir la puissance motrice partout où se rencontrait un cours d'eau. Cette organisation n'était au surplus qu'une application féconde et étendue du grand principe de la division du travail : le Pays de Liége tout entier formait comme une vaste usine, ayant pour objet mille travaux variés, répartis en une foule d'ateliers spéciaux.

Depuis trente ans, il est vrai, nous avons vu s'élever de toutes parts des centres gigantesques de productions; nous les avons vus souvent ruiner, par la concurrence, l'usine plus modeste qui tentait de s'établir autour d'eux, et, comme l'a dit d'après Bonaparte un célèbre économiste, la victoire se range toujours du côté des gros bataillons.

Mais ce serait partager une erreur répandue, que de tirer de ces faits des inductions rétrospectives, et d'y voir un vice organique pour nos institutions industrielles d'autrefois. Il faut, avant de se prononcer, tenir compte d'une donnée essentielle : c'est la transformation complète que la sidérurgie liégeoise a subie dans son objet, et qui a dû modifier aussi ses moyens de production.

L'application du charbon minéral à l'élaboration du minerai et à l'affinage de la fonte fut pour le Pays de Liége la source d'une nouvelle branche d'industrie qui effaça bientôt toutes les autres par une extension dont l'industrie humaine n'avait encore offert aucun exemple. Dès l'instant où le charbon de terre, épuré par la distillation, put s'employer à la fabrication du fer proprement dite, les hauts-fourneaux et les affineries abandonnèrent le Luxembourg et le Pays de Namur pour s'établir au centre de la production houillère. Le Pays de Liége se couvrit aussitôt d'établissements gigantesques, et, il faut le dire, la fabrication du fer sur une vaste échelle offrait tous les avantages qui résultent de la répartition des frais généraux sur une large production.

Mais, pour ce qui concerne le remaniement du fer et sa conversion en objets marchands, l'ancienne organisation industrielle a prévalu jusqu'ici. La manufacture des armes, des clous, de la quincaillerie, n'a pu, même de nos jours, réussir qu'en petite fabrication. C'est qu'il ne s'agissait plus seulement d'une opération machinale, comme celle qui se pratique dans le haut-fourneau, mais qu'il fallait encore l'intervention de l'intelligence de l'ouvrier, contre laquelle aucune combinaison mécanique n'a su prévaloir.

L'autorité était intervenue entre les intérêts opposés des ouvriers, des marchands et des maîtres de forges. Des règlements avaient régularisé les obligations et les priviléges de chacune de ces catégories d'associés.

Ainsi, pour ce qui concerne le commerce avec l'étranger, il était à craindre que la concurrence des marchands ne devînt une circonstance fâcheuse pour l'industrie nationale. Aussi ne pouvaient-ils par eux-mêmes recevoir des commandes de l'extérieur. Ces commandes se traitaient par le corps tout entier; elles étaient ensuite réparties entre tous les associés suivant leurs moyens de production.

Le travail des maîtres de forges s'exécutait à façon et suivant un tarif réglé. Il en était souvent de même pour les petits ouvriers.

Le fisc avait aussi voulu partager les bénéfices de l'industrie. Il percevait un droit d'entrée d'un demi-soixantième sur tous les fers introduits dans le territoire. Il n'y avait d'exception à cet égard que pour les fers destinés à la fabrication des clous, exempts de tous droits à la frontière. Cette mesure fut prise sans doute en vue de favoriser cette importante industrie, qui avait beaucoup à souffrir de la concurrence de Charleroi.

La crainte de voir disparaître un monopole qui faisait la source de la richesse publique avait fait défendre à chacun, sous des pénalités sévères, de travailler à l'étranger, et de répandre ainsi au dehors les pratiques et les secrets de l'industrie nationale.

Nous allons maintenant donner quelques détails sur chacune des branches de l'industrie sidérurgique du Pays de Liége. Nous examinerons successivement les hauts-fourneaux, les affineries, les forges ou martinets, les fenderies, les clouteries, les fabriques de tôles et de fer-blanc, d'armes et d'acier.

CHAPITRE V

Des Hauts-Fourneaux.

SOMMAIRE. — INVENTION DU HAUT-FOURNEAU. — ELLE EST DUE AU PAYS DE LIÉGE. — EN QUOI ELLE CONSISTE. — DESCRIPTION DES FOURNEAUX DE LIÉGE ET DE NAMUR D'APRÈS JAER ET DUHAMEL. — STATISTIQUE DE LA PRODUCTION. — FONTE DE MOULAGE. — CETTE INDUSTRIE SE DÉVELOPPE A LIÉGE. — ANCIENS FOURNEAUX DE MARCHE-LES-DAMES, DE GRIVEGNÉE, DE FERRIÈRE, DE DIEUPART, DE COLONSTER, DE SPA ET DE SPRIMONT. — PERFECTIONNEMENTS APPORTÉS A LA CONSTRUCTION DES HAUTS-FOURNEAUX.

Depuis trois siècles l'on fabriquait de la fonte, et son usage s'était généralement répandu en Allemagne et en Angleterre, sans que l'appareil destiné à sa production eût subi, du moins quant à sa forme, aucune amélioration sensible. Les fourneaux avaient pris successivement, il est vrai, plus de développement dans le sens de la hauteur ; leur section s'était modifiée dans le même rapport, et leur production s'était graduellement accrue. Mais, à part ces perfectionnements, l'art était demeuré stationnaire ; le fourneau était resté tel que l'avaient construit des peuples dans l'enfance ; il avait conservé la forme qui dérivait de sa destination primitive ; son vide intérieur affectait invariablement la figure d'une pyramide tronquée assise sur sa large base. Cette disposition, qui se prêtait avec avantage au traitement des minerais par la méthode de l'affinage immédiat, devenait absolument vicieuse quand on se proposait d'obtenir des produits liquides, et les incertitudes, les mécomptes que l'on avait rencontrés dans le premier mode de travail, en obtenant du fer cru au lieu de fer malléable, se représentaient en ordre inverse quand on cherchait à produire de la fonte.

Ce fut au milieu de ces circonstances que l'on vit surgir dans le Pays de Liége, vers l'an 1500, des modifications rationnelles dans la construction du vaste appareil destiné à l'élaboration du minerai, et que la première fois on vit apparaître les *hauts-fourneaux* comme constituant un genre d'appareils parfaitement distincts.

Ce qui diversifia, dès l'origine, le haut-fourneau des anciens appareils qu'il était destiné à faire disparaître, fut le profil de son vide intérieur, divisé désormais en plusieurs zones différentes. Chacune d'elles eut un rôle bien défini dans les différentes périodes de l'opération. Ainsi le fourneau fut rétréci à sa partie supérieure, afin d'éviter les pertes de calorique dues au rayonnement, et le sommet du fourneau, ainsi modifié, fut connu sous le nom de *gueulard*. A partir du couronnement de l'appareil, le vide intérieur s'élargit jusqu'au *ventre* ; il en résulte que les charges alternatives de minerai et de charbon diminuèrent successivement d'épaisseur pendant la descente, et qu'arrivées au ventre, les matières comprimées par l'action des charges supérieures fournissent, par suite de leur pénétration mutuelle, un mélange absolument homogène. La cuve elle-même reçut plus de hauteur, afin que la réduction fût mieux graduée dans son œuvre, et plus complète à son terme. A partir du ventre, la section du fourneau se rétrécit par degrés afin que la descente des matières fût accélérée par l'inclinaison des étalages. Vint ensuite l'*ouvrage* destiné à concentrer la chaleur en raison du rétrécissement de sa section. Là, le métal, déjà dépouillé de son oxygène par son séjour dans la cuve, se trouva immédiatement en contact avec la flamme émanée de la combustion du charbon, et se liquéfia sous l'action d'une violente chaleur. Enfin, à la base du fourneau, on ménagea un réservoir ou *creuset* dans lequel la fonte et le laitier se séparèrent en vertu de leurs poids spécifiques; une ouverture y fut ménagée pour l'écoulement permanent de la scorie, et le bain de métal put s'y conserver à l'abri de tout refroidissement et de toute altération.

On s'étonne de voir cet appareil si compliqué et si rationnellement conçu dans toutes les parties de son ordonnance, que nul progrès ultérieur n'y a encore ajouté de perfectionnement, surgir tout-à-coup à une époque reculée, alors que l'obscurité la plus complète, l'erreur la plus profonde, devaient voiler la nature des réactions qui s'accomplissent dans le haut-fourneau. Nos artisans surent découvrir, avec les seules données de l'expérience, ce que nous fûmes appelés à confirmer plus tard avec l'aide de tous les principes scientifiques.

Les avantages du nouvel appareil ne tardèrent pas à être appréciés dans toute l'Europe, et les nations, oubliant des jalousies compromettantes pour leurs intérêts, firent enfin l'aveu de leur infériorité industrielle, en réclamant le secours des artisans liégeois pour introduire chez elles les méthodes perfectionnées qu'ils avaient su découvrir.

« Il paraîtrait, dit Karsten *(Lehrbuch der Eisenhüttenkunde)*, que
» c'est aux Pays-Bas que l'on fut redevable de l'invention des hauts-
» fourneaux, qui s'introduisit en Suède vers la fin du seizième
» siècle. Ce ne fut que vers le commencement du dix-septième que
» les hauts-fourneaux furent employés dans la partie orientale de
» l'Allemagne, en Saxe, dans le Harz, le Brandebourg, et, d'après
» des renseignements positifs, le premier ne fut établi en Silésie
» qu'en 1724. » Et plus loin : « L'Angleterre occupe le premier rang
» parmi toutes les nations chez lesquelles la métallurgie du fer
» est dans un état prospère... Elle est devenue l'école des sidérur-
» gistes, quoiqu'elle doive au continent l'invention des hauts-
» fourneaux. »

Relativement à la Suède, M. Flachat nous fournit un autre témoignage. « En 1650, dit-il, Louis de Gier fit venir des environs

» de Liége et de Namur un grand nombre d'ouvriers qui appor-
» tèrent de grands perfectionnements dans la forme et la conduite
» des fourneaux. Leur hauteur fut portée à 8 ou 9 mètres, et le
» travail du creuset régularisé par la modification de plusieurs de
» ses parties. Depuis lors, la Suède n'a pas cessé d'occuper un
» rang élevé dans l'industrie sidérurgique. »

Ainsi, vers la fin du XVIᵉ siècle, le haut-fourneau du Pays de
Liége avait acquis, quant à l'ordonnance de ses parties, tout le
degré de perfection dont il était susceptible. Depuis lors, trois
siècles de découvertes et de tentatives n'ont su apporter d'autres
améliorations que celles qui résultent de l'accroissement de leurs
dimensions et de leurs produits.

Deux métallurgistes célèbres, MM. Jear et Duhamel, ont visité,
vers la fin du siècle dernier, les forges du Pays de Liége et de
Namur. Bien que les renseignements qu'ils nous ont laissés se rapportent à une époque encore récente, nous croyons, en l'absence
d'autres documents, devoir reproduire ici la description des anciens
hauts-fourneaux liégeois, que les nouvelles méthodes ont depuis
lors fait complètement disparaître.

« Les fourneaux dont on fait usage pour la fonte sont construits
» sur les mêmes principes que tous les autres de ce genre. Ils ont
» environ 20 pieds de haut depuis la pierre du sol; leur forme in-
» térieure est un carré long qui se réduit à une petite ouverture
» pour l'embouchure où l'on charge : la forme circulaire nous
» paraît préférable; elle est adoptée aujourd'hui avec raison dans
» toute l'Allemagne et les pays du Nord. La partie inférieure du
» fourneau, qui est exposée à la plus grande chaleur, est bâtie
» avec une pierre du pays qui paraît n'être composée que de gros
» graviers réunis ensemble par une terre d'une consistance aussi
» dure que le caillou même : on dit qu'elle éclate au commencement
» d'une fonte, mais elle résiste ensuite au point que ces fourneaux
» sont maintenus en feu deux, trois et jusque quatre années sans
» interruption, travaillant toujours pendant ce temps avec les
» mêmes avantages pour les entrepreneurs. Ils produisent en gé-
» néral, toutes les treize ou quatorze heures que l'on fait la percée,
» une gueuse pesant environ 20 à 24 quintaux.

» Les minerais sont fondus crus sans aucun rotissage. Ceux qui
» sont en gros morceaux sont réduits en petits à coups de marteau
» et à bras d'hommes; de même que la pierre à chaux, nommée

» castine, que l'on ajoute dans le mélange qui se fait des différentes
» espèces de minerais.

» On a établi depuis peu dans quelques forges des bocards, pour
» piler le laitier et en séparer par le lavage les grenailles de fer.
» Les uns le jettent avec le minerai dans le fourneau, les autres en
» tirent parti tout de suite à l'affinerie.

» Les soufflets dont ont se sert, soit aux fourneaux, soit aux forges
» et chaufferies, sont de cuir et simples ou à une seule âme ; on ne
» connaît point du tout dans le pays ceux de bois. Les marteaux
» sont montés à l'ordinaire, mais ils ne pèsent qu'environ 5
» quintaux. »

Cependant, nous l'avons dit, la fabrication de la fonte dans le
Pays de Liége ne prit jamais une extension aussi large que dans le
comté de Namur. La raison de cette infériorité se retrouve tout
entière dans les ressources naturelles de ces deux localités. Ainsi,
dans l'une d'elles, la nature avait comme entassé toutes les matières
dont s'alimente le haut-fourneau ; l'abondance de ses minerais,
ses richesses forestières lui avaient fait dans la sidérurgie une
situation inaccessible à toute concurrence. Le Pays de Liége,
moins largement favorisé, eut à souffrir de ce voisinage, et, loin de
tenter une lutte inutile, il s'empara lui-même d'une branche d'industrie qui, mieux en rapport avec ses ressources, lui permit le
libre développement de ses moyens d'action.

Et, en effet, comme puissance productrice de la fonte, le Pays
de Namur avait toujours été avec raison considéré comme le
centre de la sidérurgie de l'Europe. Déjà, en 1585, on n'y comptait pas moins de 35 hauts-fourneaux et de 85 forges ou affineries.
(Mémoire du 20 décembre 1767, rédigé par l'official de la régie des
douanes Perin, sur la féronnerie du Hainaut et du comté de
Namur). Que l'on se forme une idée de ces vastes moyens de production, concentrés dans un rayon aussi restreint ! Nul peuple n'en
avait jamais autant réuni sur l'étendue de son territoire. Les prétentions que l'Angleterre elle-même pourrait élever à cet égard
céderaient bientôt devant les chiffres de la statistique. Au rapport
de Dudley, il semblerait, il est vrai, que, vers l'an 1612, il y ait
eu 300 hauts-fourneaux au bois dans les Trois-Royaumes, et que
leurs produits se seraient élevés annuellement à 180,000 tonnes
de fonte !

« Mais, dit M. Flachat, il est impossible d'ajouter foi à de

» pareils chiffres. Ce qui paraît certain, c'est qu'en 1720, il n'y
» avait en Angleterre que 59 hauts-fourneaux, dont le produit
» annuel était de 17,350 tonnes. »

Avant la réunion de la Belgique à la France, notre situation
industrielle était languissante, et l'Angleterre nous avait surpassés.
Mais il n'en existait pas moins à cette époque, dans le Pays de
Namur, 45 hauts-fourneaux, dont la production, calculée sur
le pied de 40,000 kilog. par jour, s'élevait annuellement à
14,600,000 kilog. Il est à remarquer que cette fonte était en
général impropre au moulage, et que 14,000,000 de kilog. au
moins passaient à l'affinage au charbon de bois, et se vendaient,
sous forme de grosses barres non calibrées, dans les environs
de Liége. Chez nous, on comptait à peine, à la même époque,
18 hauts-fourneaux, fournissant annuellement 3,933,000 kilog.
de fonte. La moitié de cette production, c'est-à-dire environ
150,000 kilog., était convertie en objets de moulage. Ainsi le
chiffre de notre production en fonte d'affinage ne dépassait pas
2,433,000 kilog., c'est-à-dire le sixième environ de celle du Pays
de Namur. La comparaison est assez concluante en ces termes.

Mais si, à la faveur d'une constitution géologique exceptionnelle, à la faveur surtout d'inépuisables richesses forestières, les
hauts-fourneaux du Pays de Namur avaient comprimé par la concurrence le développement de cette partie de l'industrie liégeoise,
nous prîmes une éclatante revanche en partageant avec l'Angleterre et quelques rares usines de l'Allemagne l'important monopole de la production et de la mise en œuvre de la fonte de
moulage.

Ici, les circonstances s'étaient tournées à notre avantage. Nos
minerais fournissaient une fonte douce et malléable qui se prêtait
parfaitement à la confection des pièces moulées.

Aussi la plupart de nos hauts-fourneaux étaient-ils exclusivement affectés à produire en première fusion une foule d'objets
que le commerce disséminait dans le monde entier. Les anciens
fourneaux des Vennes, de Grivegnée et de Ferrière, jouirent à cet
égard d'une réputation méritée.

Cette industrie devint si florissante, que les usines se multiplièrent
outre mesure, et qu'il fallut l'intervention de l'autorité pour prévenir l'établissement de nouveaux centres de production.

« Les maîtres de forge, disait une requête adressée en 1700 à

» l'évêque de Liége, se trouvent chargés de plusieurs millions de
» poterie de fonte, parce que les ouvriers liégeois vont travailler à
» l'étranger; les requérants se sont associés pour perfectionner
» leur ouvrage, auquel nul étranger n'a encore pu atteindre, afin de
» le maintenir *dans le pays où elle a pris son origine;* ils demandent à
» ce qu'il ne soit point établi de nouveaux fourneaux, attendu que
» les anciens sont au double suffisant, pour fournir la quantité de
» pots, chaudrons, cuves, taques de fer et autres ouvrages de cette
» nature; ils demandent qu'il ne soit plus permis de faire des pote-
» ries qu'aux deux fourneaux du village de Grivegnée, et aux deux
» du village des Vennes, lesquels ont de tout temps servi à cette
» manufacture, et *dont les premiers maîtres ont été les inventeurs.*
(Archives de la principauté de Liége. — Dépêches.)

Il fut fait droit à l'objet de cette requête, et un arrêté du prince-
évêque défendit d'élever de nouveaux fourneaux pendant un espace
de 25 ans.

Nous avons cité ce document parce qu'il renferme un témoignage
important. Il prouve, en effet, que c'est dans le Pays de Liége que
furent inventés les procédés pour jeter le fer en moule, c'est-à-dire
que fut découvert un art qui étendit considérablement le domaine
de ses usages.

A la vérité, nous avions reçu de l'antiquité l'art de couler la
plupart des métaux, notamment le plomb, le cuivre, l'or et l'argent.
Mais le moulage du fer exigeait d'autres méthodes, et se compliquait
des difficultés de la fusion et de la haute température qui environ-
nait le moule. Il fallut donc des procédés spéciaux et des pratiques
nouvelles, et l'on peut dire que les artisans du Pays de Liége, pour
avoir surmonté ces obstacles, doivent être regardés comme les
inventeurs de l'un des arts les plus difficiles parmi tous ceux
qu'embrassent les travaux de la sidérurgie.

Il est vrai que, suivant une tradition assez accréditée, l'Alsace
produisait déjà, au commencement du XVe siècle, des poêles de
fonte. Nous ignorons si ce fait est exact ou controuvé; mais il
résulte de documents authentiques que les hauts-fourneaux des
Vennes étaient déjà établis vers l'an 1400, et qu'ils furent affectés
dès leur origine à la production d'objets de moulage.

Quant à l'Angleterre, il est certain qu'elle ne peut élever de
prétentions à cet égard, puisque ce ne fut qu'en 1547 que l'on
réussit à Londres, pour la première fois, à couler des canons.

L'art du mouleur offre par lui-même des difficultés si nombreuses, qu'il ne dut se répandre en Europe qu'avec une extrême lenteur. Aussi le retrouvons-nous longtemps concentré dans le Pays de Liége. La prospérité de ses usines ne pouvait manquer d'éveiller la jalousie des nations voisines : nous voyons le Pays de Namur, non content d'attirer à lui nos habiles artisans, chercher encore à entraver cette industrie en prohibant à la sortie certaines variétés de minerais que les Liégeois faisaient entrer en mélange dans le lit de fusion.

Nous sommes, à cet égard, en possession d'un document authentique. Nous le reproduirons, parce qu'il met en lumière toute la situation.

C'est une requête adressée le 22 juin 1699 au prince-évêque de Liége, et sollicitant la délivrance d'un octroi pour tirer des mines de fer dans les communes de Clermont et de Nandrin.

« Jean Posson et Michel Rond, marchands bourgeois de votre
» cité de Liege, remontrent tres-humblement à votre altesse sere-
» nissime, comment depuis peu de temps il est émané de sa
» Majesté catholique, une interdiction de laisser sortir hors
» du comté de Namur, aucune sorte de mine de fer, dont ils
» extraient une partie propre à couler les pots, marmites et chau-
» drons qu'ils font fabriquer, apparemment en vue de faire tra-
» vailler ceux du dit comté seul, et y attirer le négoce et tous les
» ouvriers du pays de Liége, au détriment des intérêts de vos pauvres
» sujets : et comme ils croient que dans ce pays et particulièrement
» dans la commune de votre Al. Ser., aux bancs de Clermont,
» Nandrin et circonvoisins, il se peut rencontrer quelques mines
» propres à faire le dit mélange, ils ont cru être de leur devoir,
» en vue du bien public, de s'adresser à votre Altesse serenissime,
» et de la supplier avec tout respect, de leur accorder la faculté
» et permission de travailler en les dites communes, et lieux cir-
» convoisins à l'exclusion de tous autres, parmi rendant l'onzième
» ordinaire, ainsi qu'il se pratique ailleurs. En quoi les sujets de
» V. Al. Ser. seront avantagés, tant par les besoins et travails que
» les remontrants leur donneront que par les charriages des
» ouvrages et marchandises, qu'ils fabriqueront sans qu'il soit
» nécessaire d'aller pour cela en étranger. » (*Archives de la Principauté de Liége.* — Baux et Stuits.)

Nos annales fournissent encore quelques renseignements sur

l'origine des fourneaux les plus anciennement connus du Pays de Liége. Nous croyons devoir les consigner ici.

Le plus ancien est probablement celui qui, en 1340, fut érigé à Marche-les-Dames par Guillaume, comte de Namur. Il était destiné à la production de la fonte d'affinage. Cette usine, qui contenait en même temps des foyers d'affinerie pour le traitement de la gueuse , ne cessa d'être en activité jusqu'à la fin de la domination impériale. Vers cette époque, elle passa dans les mains du sieur Jaumenne et devint l'usine modèle de l'Empire.

La création des fourneaux de Grivegnée paraît antérieurement à l'an 1400 et contemporaine de celle des fourneaux des Vennes. Vers l'an 1500, cette usine, déjà connue sous le nom de fourneau , reçut comme annexe un martinet pour fer.

Le fourneau si connu de Ferrières semble avoir été établi avant 1468. Comme les deux derniers, il servit de tout temps à la production d'objets de moulage. La nature des minerais du voisinage favorisait cette industrie.

Quant à l'usine de Dieupart, sur l'Amblève, elle remonte à une époque si reculée, que les titres en vertu desquels elle a été fondée sont depuis longtemps perdus. Selon toute probabilité, elle date du XVe siècle. Elle comprenait un haut-fourneau, et deux foyers pour l'affinage de la gueuse.

Il paraît encore certain qu'il exista autrefois, au hameau de Colonster, un haut-fourneau et une affinerie. C'est ce qui résulte d'un acte du 29 janvier 1642, par lequel les tuteurs de Guillaume Horion, seigneur de Colonster, donnèrent à bail à vente une *vielle* usine, comprenant fourneau, forge et fenderie. Elle fut plus tard transformée en un laminoir par M. Grisard.

Le haut-fourneau de Spa a aussi une origine fort ancienne. On lit dans une demande en maintenue adressée au préfet de l'Ourte le 14 messidor an II : « Notre espérance est d'autant mieux fondée » que ce fourneau est le seul dans le canton qui puisse s'approvi-» sionner de charbon dans les bois nationaux et autres situés » dans le voisinage. Il est à remarquer que le fer qui en provient » est parfaitement bon pour la fabrication de la tôle, ce qui est » une raison pour maintenir en activité la grosse forge de la Boux-» herie, près de Theux. C'est là que se fabrique toute la batterie » de cuisine que nous envoyons à l'étranger ; c'est le *plus ancien du* » *département* et celui qui donne le meilleur fer , à cause des mine-

» rais du voisinage. » (*Archives de la Préfecture*, 3ᵉ division ; année de la République).

Enfin, un autre fourneau très-connu, destiné au moulage, et surtout à la fabrication de la poterie de fer, fut établi au hameau de Chanxhe, commune de Sprimont, en 1734.

Arrivés au degré de perfection qu'ils avaient atteint en se transformant en hauts-fourneaux, les appareils destinés à la production de la fonte n'étaient plus guère susceptibles d'améliorations qu'en ce qui concerne le développement de leur capacité. Or, celle-ci se réglait nécessairement sur la quantité d'air qu'il était possible d'y introduire, c'est-à-dire qu'elle etait entièrement subordonnée à la puissance des souffleries.

A cet égard, il faut le dire, le Pays de Liége ne marcha que lentement dans la voie du progrès, et, vers la fin du siècle dernier, les seuls appareils usités étaient encore des soufflets de cuir, à simple ou à double effet.

Cependant, déjà en 1820, une machine soufflante bien supérieure à ces appareils avait été inventée par l'évêque de Bamberg, en Bohême. Nous voulons parler des souffleries en bois, qui eurent tant de succès en Europe.

Cette invention était importante en ce qu'elle réduisait des deux tiers les frais de premier établissement de l'appareil, en ce qu'elle en prolongeait la durée, tout en réduisant les frais d'entretien; enfin, parce que, diminuant les frottements, elle permettait une économie considérable de force motrice.

Les avantages des souffleries en bois furent si marqués et si nombreux, que plusieurs auteurs modernes comparent les progrès de la métallurgie du fer, dans différents pays, d'après l'époque où ces appareils y furent introduits. Mais il suffit de citer le Pays de Liége pour atténuer singulièrement la valeur de ce mode d'appréciation.

A la vérité, les soufflets en bois n'étaient eux-mêmes que des appareils bien imparfaits pour lancer dans le haut-fourneau de fortes quantités d'air, et, quand les Anglais employèrent le coke, ils se trouvèrent tout-à-fait insuffisants. La densité du nouveau combustible réclamait au surplus un courant d'air à forte pression, qu'ils étaient absolument incapables de produire.

Ces difficultés s'évanouirent par l'invention des souffleries à piston. O'Relly croit que les premières machines cylindriques furent employées dans les belles fonderies de Carron, en Écosse. Tout porte à croire qu'elles étaient construites en fonte de fer.

Les Belges sentirent bientôt la supériorité du nouvel appareil, et s'empressèrent de l'adopter. L'inspecteur au corps impérial des mines, M. Baillet, nous a laissé *(Journal des mines,* t. 3, n° 16) une description des souffleries cylindriques, dont il a observé les effets à Marche-les-Dames. Cette soufflerie était en fonte; elle mesurait 3 pieds 8 pouces de diamètre sur 30 pouces de hauteur. Le piston, qui se mouvait dans l'intérieur, portait deux clapets pour l'aspiration de l'air. Cette machine, activée par une roue à aubes, produisait 400 pieds cubes d'air avec 80 pieds d'eau, et une hauteur de chute de 10 pieds.

L'emploi des souffleries à piston se généralisa rapidement dans les forges de Liége et de Namur. Il en résulta la réforme de deux roues et de deux paires de soufflets sur trois, une réduction notable dans les frais d'entretien, et surtout une économie de force motrice qui rendit moins fréquents les chômages forcés auxquels le manque d'eau condamnait souvent les usines.

De plus, la densité et l'abondance du courant d'air produit par le nouvel appareil permit de porter de 17 à 21 pieds la hauteur des fourneaux. Leur forme intérieure fut en même temps modifiée. La forme circulaire fut substituée à celle d'un carré long, comme se prêtant mieux, en définitive, à la régularité de la descente des charges.

Tel était, vers la fin du siècle dernier, l'état de nos hauts-fourneaux. Grâce à l'intelligence et aux efforts de nos populations, ils avaient conservé, depuis l'origine de la sidérurgie en Europe, une supériorité qui ne fut ni contestée ni interrompue. Leur hauteur permettait désormais l'utilisation de tous les minerais, et la puissance des souffleries s'était mise en harmonie avec elle. Mais les temps étaient venus où de nouveaux efforts allaient être nécessaires et où devait s'accomplir la plus grande révolution qui soit signalée dans l'histoire de la sidérurgie.

Nos forêts s'étaient éclaircies; il fallait demander enfin à notre bassin carbonifère un nouvel aliment pour cette industrie, qui ne s'avançait plus que dans la voie du déclin.

La substitution de la houille au charbon de bois dans le haut-fourneau se liait intimement avec son emploi dans le foyer d'affinerie. L'une et l'autre offraient les mêmes avantages à côté de difficultés semblables.

Aussi, avant d'aborder l'histoire des tentatives qui furent faites en vue de cet objet, est-il nécessaire d'exposer brièvement la situation des affineries.

CHAPITRE VI

Des affineries.

SOMMAIRE. — LE PLUS ANCIEN PROCÉDÉ D'AFFINAGE EST CELUI QUE L'ON CONNAÎT SOUS LE NOM DE MÉTHODE WALLONNE. — EN QUOI IL CONSISTE. — FOYERS D'AFFINERIE. — AVANTAGES ET INCONVÉNIENTS DE CE MODE DE TRAVAIL. — SUBSTITUTION DES FEUX COMTOIS A LA MÉTHODE WALLONNE.

A partir de la découverte de la fonte, la préparation du fer se subdivisa naturellement en deux manipulations distinctes et successives. Dès lors, les anciens foyers d'épuration, qui n'étaient qu'un accessoire de fourneaux à masse, reçurent, avec le nom de feux d'affinerie, des attributions bien caractérisées.

Le premier appareil de l'espèce fut naturellement créé à l'endroit où la fonte fut primitivement connue. Destinés à l'affinage des faibles produits d'un fourneau de quelques pieds de hauteur, subordonnés eux-mêmes, quant à leur production, à l'exiguïté des moyens d'étirage, ils ne reçurent d'abord que des dimensions fort restreintes et n'opérèrent que sur des quantités très-limitées.

Aussi regardons-nous le procédé d'affinage connu sous le nom de méthode wallonne comme le type de toutes les méthodes qui, sous des dénominations variées, furent suivies dans les différents centres sidérurgiques de l'Europe.

La méthode wallonne se distingue de la méthode allemande par la conduite de l'opération, par l'emploi d'un foyer spécial appelé *renardière*, pour le réchauffage, et enfin par la qualité supérieure de ses produits.

La méthode wallonne ne demeura pas circonscrite dans notre province : elle s'étendit jusqu'en Suède. On peut encore la retrouver aujourd'hui en Allemagne, sur les bords de la Lahn, sans que le temps ait altéré ses pratiques ni son nom. D'autres localités l'ont encore conservée, avec quelques modifications secondaires dans.

les procédés, sous le nom de méthode Osemunde, de méthode bourguignonne, etc.

Le foyer d'affinage wallon différait peu des autres appareils du même genre ; il se présentait sous l'aspect d'une cavité rectangulaire, limitée par des plaques de fonte et garnie de brasques à l'intérieur. 2 1/2 pieds de longueur sur 2 de large et un de profondeur, telles étaient ses dimensions moyennes. On n'y traitait à la fois que 20 à 30 kil. de fonte. A la faveur d'un courant d'air presque horizontal, la décarburation était complète à la fin de la fusion. Il suffisait d'un simple *soulèvement* de la loupe au-dessus du charbon pour qu'elle fût complètement affinée. La cinglage de la pièce s'exécutait ensuite à l'aide d'un marteau à soulèvement du poids de 300 kil.

En vue de hâter l'opération, le réchauffage du fer avait lieu au foyer spécial, qui, à la vérité, ne différait guère que par sa destination du feu d'affinerie proprement dit. Chacun de ces foyers occupait ordinairement quatre ouvriers.

Les avantages de ce mode de travail sont faciles à saisir. La petite quantité de matière sur laquelle s'exécutait l'opération devait avoir la plus heureuse influence sur la nature des produits. Il était facile à l'ouvrier de surveiller la loupe dans toutes ses parties ; le marteau la comprimait également dans tous les points de la masse. C'étaient là autant de garanties de pureté et d'homogénéité.

Aussi le fer du Pays de Liége jouissait-il, comme le fer Osemunde, d'une réputation de malléabilité et de ténacité qu'il devait bien plus au mode de sa fabrication qu'à la pureté de ses minerais.

L'emploi d'une chaufferie spéciale compensait, par la rapidité de l'opération, ce qu'elle laissait à désirer quant à la production. Aussi un foyer d'affinage, aidé de la chaufferie, produisait-il aisément par semaine 5 à 6,000 kil. de fonte. C'est plus que n'en pouvaient fournir, réunis, deux grands foyers, tels que les emploie la méthode allemande.

Malheureusement cette méthode présentait, de son côté, un grave inconvénient. C'était le surcroît de dépense en main-d'œuvre et en combustible, qui résultait de l'emploi du foyer de chaufferie. Tant que le charbon fut à bas prix, elle prévalut sans réserve ; mais la rareté croissante du combustible fit enfin sacrifier la qualité des produits à l'économie de la fabrication.

C'est vers la fin du siècle dernier que fut introduit dans le Pays de Liége le travail par la méthode comtoise. Toutes les manipulations s'exécutèrent désormais dans un seul foyer, et l'on opéra à la fois sur 100 kil. de fonte. Mais, dès lors, l'action du courant d'air se trouva insuffisante pour décarburer, pendant la fusion, une aussi forte masse de fer cru. Les manipulations devinrent plus longues et plus compliquées. Il fallut, pour compléter l'affinage, brasser la masse fondue avec la scorie. Il en résulta, dans le creuset, des encombrements qui entravaient souvent l'opération. D'un autre côté, ces scories, mélangées intimement au métal, ne furent plus expulsées par l'action du marteau de cinglage: le centre de la pièce se déroba à son action. En résumé, le fer se chargea d'impuretés pendant le travail chimique, et subit ensuite une épuration mécanique moins complète.

Ainsi s'altéra la qualité du fer. Mais le but que l'on avait si chèrement acheté était complètement atteint. La consommation de charbon, par quintal métrique de fer produit, fut réduite de $1^{m3}09$ à $0^{m3}37$, c'est-à-dire de plus de moitié.

CHAPITRE VII

Essais de la fabrication du fer à l'aide de la houille.

SOMMAIRE. — LES PREMIERS ESSAIS, DANS LE PAYS DE LIÉGE, SONT CONTEMPORAINS DES TENTATIVES DE L'ANGLETERRE. — PATENTE POUR FONDRE LES MINERAIS A LA HOUILLE A LIÉGE, DÉLIVRÉE EN 1663. — CES TENTATIVES SONT ABANDONNÉES. — LA QUESTION PREND UN NOUVEL ESSOR SOUS L'ADMINISTRATION FRANÇAISE. — LA SOCIÉTÉ D'ÉMULATION. — MÉMOIRE DE M. RISS-PONCELET.

Chacun sait que, vers le commencement du XVIIe siècle, l'Angleterre était en voie d'épuiser ses richesses forestières; qu'elle voyait tous les jours disparaître avec elles la source de sa prospérité et de sa puissance; que déjà sa consommation avait dépassé le produit de ses usines, et qu'elle était devenue, quant à la sidérurgie, tributaire de la Russie et de la Suède.

On sait encore que la première patente pour la fusion du minerai au combustible minéral fut délivrée à Sturtwart en 1612; qu'au bout d'une année d'efforts infructueux, il renonça au bénéfice de son brevet; qu'en 1663, lord Dudley ne fut pas plus heureux dans ses tentatives, et que ce ne fut enfin que vers 1750 que cette question prit un nouvel essor et rencontra sa solution.

Mais, ce que l'on sait moins généralement, c'est que le Pays de Liége n'attendit pas l'impulsion de l'Angleterre pour se lancer lui-même dans la voie des recherches. Loin de se traîner timidement à sa remorque, il le prévint dans ses tentatives, et, si le succès se fit chez nous longtemps attendre, c'est qu'il fut retardé et par des événements politiques, et par des difficultés plus sérieuses.

Et cependant, quand on parle de la Belgique à cet égard, c'est pour lui jeter l'accusation d'un plagiat servile, d'une imitation sans discernement et sans choix, comme si les procédés britanniques nous étaient applicables sans réserve, comme si l'impureté de notre combustible et de nos minerais ne présentait, au surplus, des obstacles que les praticiens de l'Angleterre, appelés à notre aide, ne parvinrent jamais à surmonter!

Aussi sommes-nous heureux de retrouver dans nos annales un document qui proteste avec force contre l'injustice de ces accusations.

C'est un document de même date, à peu près, que le privilége de Dudley. Il est trop important pour que nous ne le reproduisions pas en entier.

« OCTROY, PERMISSION ET PRIVILEIGE, POUR FAIRE USINER LES FOURNEAUX
» A FONDRE LES MINERAIS AVEC LE FEU DE HOUILLE, DONNÉ A OCTAVIUS
» DE STRADA A L'EXCLUSION DE TOUS AULTRES QUI S'EN VOUDRAIENT
» SERVIR, POUR UN TERME ET ESPACE DE VINGT-CINQ ANS.

» Cette invention est d'autant plus utile et prouffitable en notre
» Pays de Liége, ou la houille est abondante, et les mineries si
» abondantes, qu'elles ne puissent être la plupart mises en activité
» faute de bois. Désirant bénéficier nostre dit Pays d'une invention
» si prouffitable, il nous a très humblement supplié, qu'il nous
» plait lui accorder un privileige, que personne ne se puisse servir
» de la *façon d'accomoder les houilles*, pour en faire prouffit et mar-
» chandises, sans son gré et consentement, pour le terme de
» vingt-cinq ans.

» Ferdinand, à tous ceux qui le présent lirront ou lirre orront,
» salut. — Savoir faisons que comme au dixhuitième de juin 1625,
» avons octroyé et accordé à Octavius de Strada, gentilhomme

» bohemoy, la faculté et puissance de faire fondre la minerie de
» ferre, et de tous autres métaux, les *raffiner* et accomoder à leurs
» usages, avec un feu de houille pour un terme et espace de vingt-
» cinq ans, à l'exclusion de tous aultres ; lui ayant sur ce fait
» depescher nos lettres de privileige, en charge de les faire
» intériner en notre Chambre des Comptes et y traiter pour nos
» royaulx recongnoissance et prouffits, à raison de ses privileiges.
» Ayant aujourd'hui comparu en nostre Chambre, et pour subject
» de plusieurs discours et considérations, sommes tombés d'accord
» avec le dict Seigneur de Strada, les heretiers et ayant cause et
» commission, seront tenus de laisser et faire laisser au prouffit
» de nostre table épiscopale, le treizième denier libre et exempt de
» toute charge, quelle qu'elle puisse être. Ordonnons à tout quel-
» conque Marechoz, de traiter par contract et appointements,
» qu'il ferra et porra faire à raison de cette invention, fut-ce en
» argent comptant, vins ou denrées, en quelque sorte et manière
» que ce porrait estre, avec les maîtres de forges, huisiniers et
» marchands qui se voudront, avec sa permission, se servir et
» aider de la dicte invention, lesquels traités, contracts, accords,
» permissions, se devront faire à la bonne foi, sans fraude ni col-
» lusion quelconque, avec tradition des copies d'iceux en nostre
» dicte Chambre, afin qu'il en soit tenu Registre pertinent, et être
» les revenus du dict treizième denier apportés et renseignés à la
» caste de nostre dicte Chambre.

» En foi de quoi avons commandé munir les présentes de nostre
» scel, l'an de notre seigneur, mil-six-cent-vingt-sept, du mois
» d'apvril, le quatorziéme jour. »

A en juger par l'oubli dans lequel elles sont demeurées, ces tentatives n'eurent aucun résultat. Mais elles resteront néanmoins pour
témoigner qu'à toute époque le Pays de Liége marcha le premier
dans la voie du progrès, et que sa vitalité industrielle fut toujours
en éveil.

Du reste, l'Angleterre, quoiqu'ayant à vaincre des difficultés
moindres, ne fut pas plus heureuse dans ses tentatives contempo-
raines. Il lui fallut encore un siècle d'expériences et d'efforts. Ce ne
fut guère qu'en 1750 que se généralisa l'emploi du coke dans les
hauts-fourneaux, et trente ans plus tard que Cort et Partnell

complétèrent la méthode par la brillante découverte de l'affinage au four à réverbère et du travail de la finerie.

Les succès obtenus par une nation rivale suscitèrent bientôt chez nous de nouveaux efforts.

« Les premiers essais en Belgique pour le traitement du minerai » par le coke, dit M. Briavoine, qui ignorait sans doute ceux que » nous avons rapportés, ont eu lieu sous l'administration autri- » chienne; ils sont dus à l'abbé Needham, ancien membre de l'Aca- » démie de Bruxelles. On lit la notice suivante au tome V des » Mémoires de ce corps savant, imprimée en 1788 : M. Needhan, » ancien directeur de l'Académie, s'est occupé spécialement, dans » les dernières années de sa vie, des moyens de suppléer dans la » fonte et l'affinage du fer, par les braises de charbon de terre, au » déchet de bois qui se fait remarquer dans plus d'un pays. Il a fait » beaucoup de recherches et d'essais fort dispendieux sur cet objet, » et en a donné les résultats à l'Académie sous la forme d'un rapport.»

Ces essais, poursuivis avec ardeur et méthode, prenant à la fois pour guides les données de la science et les enseignements de la pratique, allaient peut-être fournir enfin des résultats, si long-temps et si impatiemment attendus, quand tout-à-coup ils furent interrompus, ainsi que tous les travaux paisibles, par une violente commotion sociale. La Révolution française venait d'éclater.

Les agitations, les guerres qui surgirent alors comprimèrent pendant quelques années le développement industriel de notre province. Mais bientôt les arsenaux et les chantiers maritimes de la France réclamèrent nos fers et nos fontes. A cette époque, la situation de nos usines était déplorable. La plupart d'entre elles avaient été détruites ou fermées pendant la guerre; et encore, celles qui subsistaient ne trouvaient-elles qu'avec peine à s'ali-menter de charbon de bois. Le gouvernement français fit les plus louables efforts pour vaincre ces difficultés. Nos archives sont pleines de documents qui témoignent à la fois d'une grande solli-citude et d'une prodigieuse activité administrative.

Des demandes d'autorisation, relativement à la création de nouvelles usines, lui parvenaient, il est vrai, en foule, et de toutes parts. Malheureusement il était à craindre que ces établis-sements, sans augmenter une production que limitaient les res-sources en combustible, ne vinssent à aggraver les conditions d'existence de ceux qui déjà étaient établis.

Ainsi, voici l'avis du préfet du département de l'Ourthe relativement à une demande de J. B. Dupont, maître de forges à
Dieupart, qui sollicitait l'autorisation d'ajouter un haut-fourneau à
son usine :

« Cette demande doit nécessairement se rattacher, dit le préfet
» de l'Ourthe, à une précédente que le sieur Dupont a faite pour
» ajouter aux usines de Dieupart une forge à deux feux. Les
» mêmes motifs qui ne m'ont pas permis de l'accueillir se présen-
» tent avec plus de force, vu la rareté du charbon de bois, qui est
» en opposition avec l'activité des nombreux établissements qui
» existent dans ce département. Les ventes des bois impériaux de
» l'an 1809, dans l'arrondissement de Malmedy, ont excédé d'un
» tiers les estimations. Il existe dans ce seul département 18 hauts-
» fourneaux; les départements voisins des Forêts et de Sambre-et-
» Meuse en possèdent aussi un très-grand nombre. »

Cependant la prise en considération de cette demande avait été
appuyée d'une manière toute particulière par le ministre de la
marine et du commerce.

« Ce n'est pas sans difficulté, disait-il dans une dépêche, que je
» parviens à me procurer dans le département de l'Ourthe les
» quantités de fonte dont j'ai besoin pour alimenter l'importante
» fonderie de canons que S. M. m'a fait établir dans la ville de
» Liége, parce que les maîtres de forges, toujours habiles à spé-
» culer sur l'urgence et sur l'étendue des besoins du gouverne-
» ment, élèvent chaque année des prétentions qui n'auront point de
» terme et qui influeraient d'une manière très-sensible sur le prix
» des fers dans le commerce, si je n'y tenais sévèrement la main,
» et si je n'accueillais toutes les propositions qui tendent à apporter
» dans l'approvisionnement de ces sortes de matières le plus d'éco-
» nomie possible.

» Le sieur Baptiste Dupont, maître de forges à Dieupart, dépar-
» tement de l'Ourthe, m'en fournit une occasion, et vient de traiter
» avec moi pour 25,000 kilog. de fonte livrables en 7 mois à un
» prix modéré; mais il me propose un nouveau marché à longues
» années, pour une quantité considérable, s'il peut obtenir l'auto-
» risation de construire dans son établissement un haut-fourneau.

» J'ignore si ce projet n'est pas susceptible d'inconvénients,
» mais il serait d'une telle importance pour les opérations de la
» marine, si je pouvais, par ce moyen, assurer à la fonderie de

» Liége des approvisionnements de fonte à des conditions raison-
» nables, que je prie Votre Excellence de vouloir se faire rendre
» un compte tout particulier de la demande du sieur Dupont, et de
» la prendre en considération le plus promptement possible. »

Ce document dépeint toute la situation. Désormais les forêts ne
suffisaient plus à la consommation des usines ; la crise depuis si
longtemps prévue s'était enfin manifestée ; la sidérurgie allait disparaître du Pays de Liége, si le problème complexe de l'emploi de
la houille dans les hauts-fourneaux ne recevait immédiatement
une solution complète.

Afin de sortir de cette situation, le gouvernement français s'attacha à préconiser les méthodes nouvelles ; il ne permit désormais
la création d'usines sidérurgiques qu'en imposant aux maîtres de
forges la condition expresse d'en faire au moins l'essai dans leurs
établissements.

Les industriels, de leur côté, ne demeurèrent pas inactifs. On
avait déjà signalé à Glabeck, près de Tubize, un haut-fourneau
alimenté par un mélange des deux combustibles, sans qu'il en
résultât d'altération sensible dans la qualité des produits. M. Amand,
maître de forges à Bouvignes, avait même obtenu, au moyen du
coke, des fontes résistantes, auxquelles on n'avait pu reprocher
d'autres défauts qu'une trop grande dureté. Mais ces essais n'avaient
point eu de force expansive au dehors, et les maîtres de forges du
Pays de Liége avaient montré, à cet égard, une timidité qui ne leur
était pas ordinaire.

La Société d'Émulation de Liége ne faillit pas, en cette occasion,
à la mission pour laquelle elle s'était créé. Elle s'efforça de doter
son pays d'une invention qui, depuis cinquante ans, était répandue
en Angleterre. Dans sa séance du 29 mai 1811, elle proposa un
prix à celui qui, le premier, ferait usage des nouvelles méthodes
dans le département de l'Ourthe.

Si les résultats de cet encouragement ne furent point immédiats ;
si ce ne fut guère qu'en 1823 que s'établit dans notre province le
premier haut-fourneau alimenté par le coke, il n'en est pas moins
vrai que cette Société eut tout le mérite de l'initiative, et qu'en
agitant cette importante question, elle communiqua aux esprits
une impulsion qui devait en hâter la solution.

Ainsi, cette circonstance suggéra à M. Riss-Poncelet, de Liége,
quelques observations très-judicieuses qu'il publia, sous forme

4

d'un Mémoire, dans les Bulletins de la Société d'Encouragement. Selon lui, la timidité des maîtres de forges du département de l'Ourthe résultait de ce qu'ils s'étaient formé faussement une opinion défavorable de la houille de Liége; et que sa carbonisation imparfaite produisait seule les résultats peu satisfaisants que l'on avait obtenus et contribuaient à l'écarter du haut-fourneau. Le temps a prouvé toute la valeur de ces observations; et les difficultés se sont évanouies du jour où se sont répandues des méthodes perfectionnées de carbonisation.

Le Mémoire de M. Riss-Poncelet contenait encore d'autres faits d'une remarquable justesse.

« Des expériences m'ont prouvé, dit-il, que le coke provenant » des houilles du département de l'Ourthe et de Jemmappes ne le » cède en rien, relativement à son produit et à son intensité à l'état » d'ignition, à celui provenant des houilles d'Angleterre. Les fabri- » cants anglais s'accordent à dire qu'il est nécessaire que le coke » soit purifié avec le plus grand soin, parce que, de la parfaite » qualité du coke dépend la qualité de la fonte. En France, cette » opinion n'est pas bien établie. Aussi soigne-t-on très-mal la » fabrication du coke.

» Aussi dans le département de l'Ourthe, où l'on a essayé de réduire » le minerai à l'aide du coke, les maîtres de forges ont-ils éprouvé » des difficultés qui les ont portés à rejeter cette méthode. — La » mauvaise qualité de la fonte qu'ils ont obtenue et le peu d'éco- » nomie que présentait l'usage de ce combustible en ont été la » suite.

» On a attribué à plusieurs causes l'insuccès de l'opération : » 1° Parce que le coke n'était pas assez épuré. — J'observerai à » cet égard que la houille ne peut être carbonisée parfaitement, » quand on établit une charpente ou carcasse de bois, ou bien que » l'on couvre cette houille de terre, ce qui vaut mieux, ou bien, » enfin, quand on emploie les fourneaux jusqu'ici en usage pour » la carbonisation de la houille. Aucun de ces moyens n'est aussi » économique, et ne peut produire de coke aussi purifié que celui » en vaisseaux clos, puisque les produits de la distillation sont « entièrement perdus, et que la houille brûlée au contact de l'air » ne produit point de coke; qu'une grande partie de cette houille, » n'étant pas carbonisée, renferme encore des matières nuisibles » à la fonte, et qu'enfin cette espèce de houille est plus difficile à

» s'allumer, une partie du calorique étant absorbée pour le déga-
» ment de l'humidité et du bitume. — 2° On a dit que les souffleries
» auraient dû être plus fortes. — Quelques métallurgistes pensent,
» en effet, que le coke étant plus difficile à allumer que le charbon
» de bois, il faut des souffleries d'un effet trois fois plus considé-
» rable, et qu'enfin il résulte beaucoup de lenteur dans l'opération.
» Il paraîtrait cependant que les Anglais n'ont pas égard à cette
» augmentation de vent : ils donnent *plus d'élévation au fourneau* ,
» emploient quelques jours de plus pour allumer ce combustible,
» mais, une fois en ignition, il n'a plus besoin d'être activé autre-
» ment que le charbon de bois. »

Ce passage contient des observations très-judicieuses, à côté de
quelques erreurs faciles à relever. Ainsi chacun sait aujourd'hui
que les hauts-fourneaux au coke demandent à être soufflés à une
plus forte pression que les hauts-fourneaux au charbon de bois. —
Mais une observation très-exacte et qui montre bien où gisait la
difficulté des premiers emplois du coke, c'est celle qui constate
l'imperfection des méthodes de carbonisation alors usitées. La
fabrication du coke en meule ne pourrait guère fournir que des
produits très-imparfaits, et dont le déchet, qui était la conséquence de la méthode, devait singulièrement augmenter le prix de
revient. — Selon M. Riss-Poncelet, la carbonisation de la houille
devait s'opérer en vase clos; le goudron et tous les gaz provenant
de la distillation devaient être recueillis dans des appareils appro-
priés. — Les conseils donnés par M. Riss-Poncelet prouvent de
profondes connaissances en sidérurgie et une saine appréciation
des difficultés inhérentes à la nouvelle méthode.

L'affinage de la fonte au moyen du combustible minéral présentait aussi de sérieuses difficultés. En Angleterre, l'emploi du coke
dans les hauts-fourneaux datait d'un demi-siècle avant que Cort et
Partnell découvrissent l'affinage au four à réverbère, et encore
fallut-il diviser l'opération en deux manipulations successives, et
préparer les fontes par le finage.

Mais l'invention des fours à réverbère, qui permettait de soustraire la fonte au contact d'un combustible impur, n'avait aucune
influence sur les substances nuisibles que la fonte avait puisées, soit
dans la nature de son minerai, soit dans l'œuvre de son élaboration au haut-fourneau. Déjà l'on avait signalé aux forges de Marche
les moyens de purifier le fer cassant à chaud , par l'addition d'un

flux calcareux dans le travail de l'affinage. Mais nous ne pouvons admettre l'opinion de M. Riss-Poncelet relativement à l'influence qu'il attribue, à cet égard, au four à réverbère.

« Pour purifier le fer cassant à chaud, dit-il dans le Mémoire » déjà cité, la construction du four et la manière d'opérer pa- » raissent contribuer seules au succès de l'opération, en sorte que » le flux que l'on projetterait deviendrait en quelque sorte nuisible. » Mon opinion est appuyée par celle du comité des arts chimiques. » M. Dufaud a obtenu du fer très-ductile par la simple action du » four à réverbère. Il a même observé que l'excès de carbonate » calcaire faisait redevenir le fer cassant à froid. »

Ainsi, dans l'opinion de M. Riss-Poncelet, on pouvait impuné- ment faire usage de mauvaises fontes : une construction particulière du four suffisait pour en corriger les défauts. Il importe de se prémunir contre une semblable idée. Les pratiques modernes de la sidérurgie nous apprennent que c'est dans le haut-fourneau qu'il faut épurer la fonte ; que c'est là qu'il faut, par le choix d'une allure convenable, prédisposer le fer cru à se prêter facilement à la destination qu'on lui réserve. L'épuration dans le four à puddler, en la supposant possible, reste toujours difficile et coûteuse.

Nous avons examiné assez longuement la valeur des observations que l'initiative de la Société d'Émulation a fait surgir. Les résultats en appartiennent à une autre époque. La relation des faits qui s'y rapportent fera l'objet d'un autre chapitre.

CHAPITRE VIII

Forges et martinets.

Dans ces usines, on donnait des formes marchandes à du fer en grosses barres qui n'avait pas cours dans le commerce ordi- naire, n'étant ni paré ni parfaitement calibré. Le fer recevait, avec le secours des marteaux, des formes qui le rendaient propre à des transformations ultérieures.

Il ne faut donc pas confondre ces usines avec les affineries où le marteau ne servait qu'à compléter l'épuration, c'est-à-dire l'opération la plus essentielle du traitement, en même temps qu'ils opéraient l'étirage du métal en barres de différents calibres. Ici, les marteaux et les martinets constituaient par eux-mêmes l'élément principal de l'usine ; le fer y était ouvré sous des masses peu considérables, pour être ensuite livré au commerce sous les formes et les dimensions les plus généralement usitées, en même temps qu'on lui faisait subir un nouveau corroyage.

Les martinets comportaient comme accessoires des feux de forges ordinaires, ou des fours particuliers, dits fours dormants, pour le réchauffage de la pièce. Ce dernier, qui est d'invention liégeoise, est aujourd'hui répandu dans les usines sidérurgiques de tous les pays. La houille était exclusivement employée comme combustible.

Nous avons déjà dit que le fer sur lequel s'exerçait l'industrie de ces usines se tirait, sous formes de grosses barres, du Pays de Namur, de l'Entre-Sambre-et-Meuse et du duché de Luxembourg. Converti en barres de petits calibres, il était l'objet d'un commerce d'exportation très-étendu avec l'étranger.

La facilité avec laquelle ces usines s'alimentaient à bas prix de charbon de terre ; le voisinage des cours d'eau pour la manutention des marteaux et des souffleries, étaient autant de circonstances qui devaient favoriser, dans le Pays de Liége, la situation de semblables usines.

Aussi se multiplièrent-elles à l'envi sur les bords de l'Ourthe, de la Vesdre et du Hoyoux. Nous en fournirons plus loin la statistique.

Ces ateliers n'occupaient guère que cinq à six ouvriers, et travaillaient en général sur commandes pour les besoins de l'agriculture, du charronnage, des constructions hydrauliques et des exportations étrangères.

L'affinage de la ferraille était encore une branche de travail qui se rattachait à l'industrie de ces usines.

CHAPITRE IX

Fabrication de la tôle.

SOMMAIRE. — FABRICATION DE LA TÔLE AU MARTEAU. — SITUATION AVANTAGEUSE DE NOS USINES. — LEUR MATÉRIEL. — FOURS DORMANTS. — LAMINOIRS. — PROSPÉRITÉ DE CETTE INDUSTRIE SOUS L'ADMINISTRATION FRANÇAISE.

Dans le temps où les marteaux étaient les seuls appareils mécaniques employés pour donner au fer affiné des formes appropriées aux besoins des arts, la fabrication de la tôle s'opérait dans le Pays de Liége, comme elle s'effectue encore aujourd'hui dans quelques usines de l'Allemagne, avec le secours des martinets.

Cette branche d'industrie demeura toujours concentrée sur les bords de l'Ourthe, de la Vesdre et surtout du Hoyoux, où les circonstances les plus avantageuses avaient contribué à sa prospérité et à son extension.

Ainsi ce travail s'effectuait exclusivement à la houille; le fer mou et malléable du Pays de Liége se prêtait parfaitement à cette opération; enfin, les cours d'eau sur lesquels nos usines étaient situées leur promettaient de compléter à peu de frais leurs approvisionnements de toute nature.

La fabrication de la tôle au marteau réclamait, de la part de l'ouvrier, la plus rare habileté. Il fallait obtenir des produits d'épaisseur uniforme, parfaitement lisses, sans rides, sans pailles et sans gravelures. La supériorité dont les artisans liégeois firent toujours preuve dans l'art d'ouvrer le fer obtenait ici tous les avantages.

Les matières premières consommées dans les forges platissantes se composaient du charbon de terre, qu'elles tenaient des environs de Liége, et du fer en brâmes qu'elles recevaient de Namur, de l'Entre-Sambre-et-Meuse, du Luxembourg et d'Aremberg.

Le matériel de ces usines était simple : le martinet en constituait l'élément essentiel; il fallait, en outre, des foyers pour le réchauffage du fer.

Cette opération, qui s'effectuait en général à l'aide du feu de forge, fut pratiquée dans le Pays de Liége dans un four spécial qui aujourd'hui est adopté, pour des usages divers, dans la plupart des usines de l'Europe.

Nous voulons parler des fours dormants, qui se présentent à peu près sous l'aspect des fours ordinaires de boulangerie. La seule circonstance qui diversifie ces deux appareils réside dans la suppression de la tôle, remplacée par une grille formée de barres de fer. Les brâmes et les tôles à réchauffer étaient introduites directement par la porte de travail, servant aussi d'issue à la fumée et à la flamme qui s'échappaient par une cheminée placée au-dessus d'elle. Par suite de cette disposition, le fer était placé immédiatement au contact du combustible incandescent, et l'air, affluant sous la grille, se tamisait à travers les charbons, et n'arrivait sur le métal que dépouillé de tous ses principes oxydants. De là, économie de combustible et diminution du déchet par oxydation.

C'est vers la fin du XVIᵉ siècle que commença, en Lorraine et en Belgique, l'usage des spatards, ou cylindres à tables unies, pour l'étirage du fer. Ils étaient, dans le principe, annexés aux fenderies et destinés à aplatir des barres qui déjà avaient été forgées sous le marteau. Aussi les laminoirs furent-ils d'abord établis à côté des fenderies, dont ils dérivaient, et qui fournirent le premier exemple des appareils à rotation pour la préparation mécanique du fer.

L'usage des laminoirs se répandit rapidement dans le Pays de Liége, et la fabrication de la tôle prit chaque jour des extensions nouvelles. Quelques essais furent bientôt entrepris pour le laminage du fer en feuilles destinées à l'étamage. Vers 1790, les tôleries de MM. Fᵒⁱˢ et Jˡᵉˢ Grisard, à Chaudfontaine, de Donnéa, à Embourg, et celle de Gossuin, à Grivegnée, jouissaient d'une réputation aussi étendue que méritée.

Sous le Consulat et l'Empire, la fabrication de la tôle fit de nouveaux progrès. On compta alors dans le Pays de Liége 14 laminoirs, occupant 100 ouvriers, et dont le chiffre de production s'éleva annuellement à 280,000 quintaux métriques.

Cette industrie devint si florissante, qu'elle subit bientôt le sort inévitable de toutes celles qui assurent de gros bénéfices à ceux qui s'y livrent. Elle fut un instant compromise par une concurrence dont le caractère ne fut pas seulement l'avilissement du prix de vente, mais encore une majoration dans le prix des fers de qualité toute exceptionnelle que réclamait la nature de ses produits.

« Il faut prévoir, disait M. Grisard dans une demande en main-
» tenue de son usine, que l'accroissement du nombre des laminoirs
» à tôle ou platineries ne ferait rien que préjudicier aux usines de
» ce genre déjà établies ; et considérer qu'il a été reconnu par
» l'expérience que 8 laminoirs à tôle, joints aux martinets et pla-
» tineries du département de l'Ourthe, suffisent pour faire tout
» le travail et consommer tout le fer qu'il soit possible de se
» procurer.

» Depuis que le laminoir de Huy et celui de la citoyenne
» Dejonc sont érigés, le fer a haussé de 5 liv. au cent, et devien-
» drait encore plus rare et plus cher dans la suite, si l'on per-
» mettait à d'autres d'en construire de nouveaux. » *(Archives de la*
Préfecture, années de l'Empire.)

A la célèbre Exposition de 1806, les fabricants de tôle prou-
vèrent qu'ils avaient participé aux progrès et aux améliorations
qui avaient surgi dans tous les arts industriels. MM. Dautrebande
et Bastin, de Huy, furent signalés comme produisant les meilleures
tôles de la France.

CHAPITRE X

Fabrication du fer-blanc.

SOMMAIRE. — PREMIÈRE USINE A FER-BLANC ÉTABLIE DANS LE PAYS DE
LIÉGE. — LE PEU DE SUCCÈS DE CETTE FABRICATION. — FER-BLANC DE
M. DELLOYE. — RAPPORT DU JURY DE L'EXPOSITION DE 1806.

La fabrication du fer-blanc est une industrie d'origine allemande
qui s'introduisit dans le Pays de Liége au commencement du
XVIIe siècle.

Nos recherches relatives à l'établissement de la première usine
de l'espèce dans le Pays de Liége nous ont conduit à la découverte
d'un document assez curieux que nous croyons devoir mettre en
lumière.

« OCTROYE POUR FAIRE DU FERRE BLANC, EN LA VILLE DE DYNAND, POUR
» UN TERME DE VINGT ANS, A L'EXCLUSION DE TOUS AULTRES, POUR
» EVERARD MEYBOSCH (1629).

» Ferdinand à tous ceux qui ce présent lirront, ou lirre orront
» salut. Reçu avons l'humble supplication d'Everard Meybosch et

» ses associés, contenant que le ferre blanc duquel on fait les buses,
» gouttières et semblables ouvrages, viendraient d'Allemagne en
» nos villes et pays de par-deça, à grands frais et discomodité de
» ceux qui par leur métier s'en servent, et par conséquent
» augmente le prix des ouvrages et marchandises en faites, non
» sans intérest publique; joinct aussi qu'en plusieurs endroits de la
» dicte Allemagne, la manufacture de faire le dict ferre blanc
» serait notablement descheute par ces guerres passées, dont
» infailliblement en suivrait une plus grande cherté et faculté pour
» en recouvrer; et que comme iceux remontrant qu'il serait dési-
» reux de transporter la dicte manufacture en notre ville de Dynand
» ou ailleurs, nous ont très-humblement supplié que nous fussions
» serra leur octroyer, pour un terme et espalce de 20 ans. »
(Annales de la princip. de Liége. — Baux et stuits.)

Pendant longtemps cette fabrication demeura chez nous languissante, en raison des difficultés que l'on éprouvait de préparer,
à l'aide du martinet, des tôles assez parfaites pour l'étamage. Elle
subsista néanmoins, livrant à la consommation extérieure des
produits médiocres qui subissaient une concurrence écrasante de
la part de l'Angleterre et de l'Allemagne.

La manufacture du fer-blanc fut cependant, de la part de l'autorité, l'objet d'une faveur qui devait en améliorer la situation.
Le 23 juillet 1744, le prince-évêque de Liége, en accordant aux
sieurs Jacques de la Motte et Jean-Louis Regard un octroi pour
une manufacture de cette espèce, exempta leurs produits du droit
de un demi-soixantième qu'il percevait à la sortie sur tous les fers
destinés à l'exportation.

A partir de l'emploi du laminoir pour la fabrication de la tôle,
cette industrie entra dans une nouvelle phase. L'égalité d'épaisseur
que l'on était enfin parvenu à obtenir dans les feuilles de tôle
permit de les recouvrir d'un étamage plus brillant et plus solide.
Les progrès furent si rapides que, déjà sous l'administration
française, les fers-blancs de M. Delloye, de Huy, pouvaient riva-
liser, sous tous les rapports, avec les produits de l'Angleterre.

Dans sa séance du 13 pluviôse an XII, la Société d'Encouragement proposa un prix de 3,000 fr. à celui qui présenterait des
fers-blancs aussi beaux, aussi bien fabriqués que les plus estimés
du commerce. Six années se passèrent avant qu'aucun fabricant
eût réalisé les conditions du programme. Enfin, en 1808, quatre

des manufactures principales de la France concoururent. C'étaient celle de M. Delloye de Huy, celle de Dilling (département de la Moselle), les fonderies du Vaucluse, et enfin celles des Bains (Vosges).

Voici la conclusion du Rapport présenté par le jury :

« Le Comité, après mûr examen des résultats dont nous venons » de rendre compte, s'est convaincu que les fers-blancs français » ont acquis en général un degré de perfectionnement dont ils » étaient fort éloignés il y a peu d'années, et nous en avons acquis » la preuve dans les renseignements que nous avons pris, à ce » sujet, à l'administration des douanes, où nous avons été informés » qu'en 1807, la quantité de fer-blanc importée était de 540,000 » kil. et de 111,000 kil. seulement en 1808; d'où l'on peut conclure » que, dans très-peu de temps, la France sera affranchie du tribut » énorme qu'elle payait à l'étranger pour ce genre de fabrication.

» En examinant particulièrement les droits des concurrents, » on voit que la manufacture de Huy, département de l'Ourthe, est » la première dont les produits se soient faits assez remarquer » pour mériter, à l'Exposition de 1806, une médaille d'argent de » 2ᵐᵉ classe, et les encouragements du gouvernement. A l'appui de » ce que l'expérience nous a appris des fers-blancs qu'il met dans » le commerce, nous observerons, d'après la Chambre consultative » des arts et métiers du 3ᵐᵉ arrondissement du département de » l'Ourthe, dont l'attestation est on ne peut plus honorable pour » M. Delloye, que le débit soutenu du fer-blanc de sa fabrique est » la meilleure preuve de sa bonne qualité, et même de sa supériorité, » sur celui des fabriques étrangères. Les ouvriers les plus expéri- » mentés le préfèrent, dit-elle, pour sa souplesse, à celui d'Angle- » terre ; ils le trouvent plus solide et susceptible du même poli. » Nous ajouterons que M. Delloye est parvenu à surmonter les » difficultés que présente la fabrication de fer-blanc de grande » dimension ; on peut en juger par un tuyau d'une seule pièce de » 2ᵐ de longueur, que nous avons cité, et par une très-grande » chaudière qu'il a présentée à S. Ex. le Ministre de l'Intérieur. » Il n'est pas à notre connaissance que l'étranger ait fabriqué du » fer-blanc sur d'aussi grandes dimensions, ou du moins qu'il en ait » fait passer en France. »

La fabrique de M. Delloye consommait 25,000 kil. de fer par quinzaine.

Elle produisit en 1808   1,969 caisses de fer-blanc.
     en 1809   4,674
     en 1810   6,782

Chaque caisse contient 225 feuilles et pèse 70 kil.

Nous n'avons plus rien à ajouter, si ce n'est que M. Delloye obtint du gouvernement, et à titre de prime et d'encouragement, une somme de plus de 90,000 fr.

CHAPITRE XI

Fenderies. — Fabrication des clous.

sommaire. — PREMIÈRE FENDERIE AU VILLAGE DE PRAYON. — USINES DE L'OURTHE ET DE LA VESDRE. — LEUR PROSPÉRITÉ. — FABRICATION DES CLOUS. — HABILETÉ DE NOS OUVRIERS. — ANCIENS RÈGLEMENTS DES CLOUTIERS. — MARCHANDS. — MARCHOTAIS ET OUVRIERS.

De la lenteur de l'étirage effectué avec le secours des marteaux ; de la nécessité de réchauffer le fer à plusieurs reprises ; de la consommation de charbon et du déchet de métal qui en étaient les conséquences, et enfin de la difficulté d'obtenir, pour la fabrication des clous, du petit fer présentant des dimensions exactes, a surgi l'idée de donner aux barres une forme méplate à l'aide de deux cylindres à table unie, puis de le refendre ensuite dans le sens de la largeur au moyen d'une trousse de taillants circulaires en acier.

Il paraît que les premières fenderies furent établies à Darford, en Angleterre, vers l'an 1590 ; mais c'est au Pays de Liége que revient certainement l'honneur de leur introduction sur le continent.

Nous retrouvons en effet, dans les Archives de la principauté de Liége (Dépêches), sous la date du 15 mars 1647, un octroi qui concède à Guillaume Fraipont le droit d'établir une fenderie au village de Prayon.

Bientôt après une nouvelle usine de l'espèce fut créée en Henne, près de Liége (1693). Enfin, en 1698, celle du village de Tilff fut également mise en activité.

D'après la version de MM. Karsten et Flachat, c'est à l'année 1650 qu'il faut rapporter l'établissement des premières fenderies en Lorraine. Si ces renseignements sont exacts, l'usine de Prayon est certainement la première que l'ont vit créer sur le continent.

La nécessité de se rapprocher des cours d'eau, afin d'y puiser gratuitement la force motrice, avait groupé la plupart des fenderies du Pays de Liége sur les bords de l'Ourthe et de la Vesdre. Leur matériel était des plus simples : un marteau pour le dégrossissage du fer, un feu de forge ou un four dormant pour le réchauffage des barres, composaient, avec le train de fenderie qui en était l'élément essentiel, tout l'outillage de l'usine. Elle ne constituait ordinairement qu'un atelier occupant 5 à 6 ouvriers, et travaillant à façon pour les marchands des environs de Liége.

Le métal sur lequel s'exerçait le travail de ces usines se tirait en général du Pays de Namur. C'était le plus souvent du fer tendre de médiocre qualité, mais qui se prêtait avantageusement à la fabrication des clous.

Parmi les fenderies les plus importantes du Pays de Liége, il faut citer celles que possédait M. Grisard à Tilff et à Vaux-sous-Chèvremont, et enfin celle que faisait activer M. Donnéa au village d'Embourg.

La plupart de celles qui subsistaient encore sous l'administration française avaient une origine fort ancienne. A la vérité, les titres en vertu desquels elles ont été fondées se sont depuis longtemps perdus ; mais les traditions locales leur attribuaient plus de deux siècles d'existence.

L'immense développement qu'avait pris à Liége la fabrication des clous avait nécessairement réagi sur la prospérité des fenderies, qui n'en étaient qu'un auxiliaire. Malheureusement cette prospérité même suscita bientôt une fâcheuse concurrence, et le nombre des fenderies s'accrut en dehors de toute proportion, eu égard à l'importance des débouchés. Ce fait est signalé dans un Rapport présenté le 30 novembre 1807 au préfet de l'Ourthe par le maire de la commune de Chaudfontaine.

« Le nombre des fenderies était, dit-il, trop grand sous l'ancien » régime ; il y en avait régulièrement deux sans activité et sans » commandes. »

FABRICATION DES CLOUS. — La fabrication des clous fut toujours l'une des branches les plus importantes de l'industrie liégeoise. C'est sous cette forme que s'exportait en majeure partie le fer produit ou travaillé dans nos usines. Liége était le centre de production où venaient s'approvisionner la Belgique, la Hollande, l'Espagne, l'Allemagne, et même les Indes et l'Amérique.

Cette fabrication occupait pendant l'hiver de nombreuses familles répandues dans les communes rurales des environs de Liége. Nos artisans avaient acquis, dans ce genre de travail, une habileté qui défiait toute concurrence.

Si l'on examine, en effet, les clous de fabrication liégeoise, on est frappé de l'économie de matière première qui préside à leur confection ; de la justesse, de la régularité de leur structure, toujours appropriée aux usages auxquels on les destine. Il y a quelque chose de plus étonnant encore : c'est la sûreté du coup d'œil et l'habileté de la main de l'artisan, qui, sans perdre un seul coup de marteau, fabrique tous les jours plusieurs milliers de clous exactement semblables.

Cette fabrication fut, de la part de l'autorité, l'objet d'une sollicitude toute particulière. Les clous furent déclarés exempts à la sortie du droit du demi-soixantième qui se prélevait sur tous les fers fabriqués dans la principauté.

Au surplus, des règlements furent établis pour sauvegarder les droits de chacun, prévenir la fraude du maître envers l'ouvrier, et conserver enfin dans le Pays de Liége, active et florissante, l'une des sources les plus abondantes de la richesse publique.

Aux marchands de clous, constitués en association, était exclusivement réservé le trafic avec l'étranger. Ils achetaient le fer en barres dans le Pays de Namur, et le livraient aux fenderies, où il était converti en verges à clous ; celles-ci passaient ensuite entre les mains des maîtres de forges ou marchotais, qui travaillaient également à façon.

Des pressurations avaient eu lieu de la part des maîtres envers les ouvriers, tandis qu'eux-mêmes étaient l'objet de vexations fréquentes de la part des marchands de clous. Un mandement émané de l'autorité, sous la date du 8 avril 1743, vint mettre un terme à tous ces abus.

Relativement aux marchands de clous, ce règlement stipule « que les associés jouiront seuls et à l'exclusion de tous aultres, » de l'exemption du demi-soixantième qui s'exige sur les fers de » toute espèce » ; qu'ils auraient seuls le droit de faire fabriquer des clous, mais qu'ils ne pouvaient le faire ailleurs que dans la principauté et par les ouvriers du pays ; qu'ils ne pourraient faire le commerce de clous pour quelque étranger que ce soit ; que « chaque » fois qu'il s'agira du livrement des clous, bastards ou cougnets,

» pour les Compagnies de Hollande, le livrement sera reparti
» entre les associés par parties égales, et chacun d'eux sera obligé
» de faire fabriquer sa part et percevoir son argent à ses frais et
» risques, voulant par ce moyen que l'ouvrage soit partagé entre
» tous les artisants généralement »; qu'enfin, pour la manufacture
des petits clous, comme les ouvriers manquaient dans le Pays de
Liége, il pourraient en faire fabriquer sur les pays limitrophes, en
jouissant du bénéfice de l'exemption ordinaire.

Les marchotais, réunis en corporation, ne pouvaient employer
que des ouvriers liégeois; il leur était expressément interdit de
posséder plusieurs forges, ou d'en établir à l'étranger.

Quant aux ouvriers, ils ne pouvaient dans le principe « seuls
travailler. » Mais les pressurations exercées sur eux par les maîtres
de forges firent décréter qu'il serait loisible aux marchands d'a-
cheter des clous directement aux « petits ouvriers » (1749).

Il leur fut au surplus interdit de propager la fabrication des clous
au dehors du Pays de Liége, en allant travailler pour les manufactures étrangères.

CHAPITRE XII

Fabrication de l'acier.

SOMMAIRE. — DÉCOUVERTE DE L'ACIER DE CÉMENTATION. — ELLE A LIEU
DANS LES PAYS-BAS PENDANT LE DIX-SEPTIÈME SIÈCLE. — ANCIEN DOCU-
MENT RELATIF A CET OBJET. — SITUATION FACHEUSE DE CETTE
INDUSTRIE. — ACIER PONCELET. — RAPPORT FAIT A LA SOCIÉTÉ
D'ENCOURAGEMENT. — ACIER CHENOT.

La découverte de l'acier se confond avec celle du fer, quant à son
ancienneté. Nous avons vu qu'on les produisait indifféremment l'un
et l'autre dans les fourneaux à masse et les feux catalans, et que
même l'ordonnance de ces appareils devait favoriser d'une façon
toute particulière la production de l'acier.

Lorsque, au XIIe siècle, on inventa les fourneaux à produits
liquides et l'affinage de la fonte, on cessa naturellement d'obtenir
de l'acier par l'élaboration même du minerai de fer.

Il fallut dès lors recourir à des méthodes plus compliquées, et
restituer au fer doux, par l'addition d'une dose convenable de

carbone, la dureté et l'élasticité que lui avait enlevées un affinage prolongé.

Selon toute probabilité, les premières tentatives de cémentation eurent lieu sur de petits objets, et le point initial de la découverte fut la remarque que l'on avait faite, que le fer, chauffé en vase clos au contact de substances charbonneuses, se modifiait complètement dans sa texture, devenait susceptible d'acquérir par la trempe une étonnante dureté, et, par le polissage, un éclat que nulle autre méthode ne savait lui donner.

Ainsi, encore cette fois, nous voyons découvrir par les seules données de la routine l'un des faits les plus importants et des plus mystérieux de la sidérurgie. La science n'a pu jusqu'ici s'expliquer suffisamment cette pénétration intime de deux corps solides placés en présence, et l'acier est devenu l'un des auxiliaires les plus indispensables à tous nos arts industriels.

« Nous ne pouvons, dit Karsten, fixer à quelle époque on a » commencé à fabriquer de l'acier de cémentation; il paraît que » cette découverte a eu lieu vers la fin du XVIIe siècle, et qu'elle » est due à la Belgique ou à la France. »

Nous avons vu, en effet, que, dès le XIIe siècle, les artisans des Pays-Bas s'adonnaient avec succès à tous les arts qui ont pour objet la mise en œuvre du fer. Leurs ouvrages en fer et en acier leur valurent dans toute l'Europe une réputation méritée. Plus tard, la fabrication des armes vint se joindre à la confection des objets de quincaillerie, pour entretenir chez nos artisans leur prodigieuse habileté. Est-il dès lors surprenant que la découverte de la cémentation du fer ait eu lieu chez un peuple qui ne cessait de le manier sous toutes ses formes, et qui souvent avait dû chercher à lui donner de la dureté et du poli pour perfectionner ses ouvrages ?

Au reste, nous sommes encore cette fois en présence d'un document authentique, pour établir que, dans le Pays de Liége, on fabriquait de l'acier de cémentation, non pas à la fin, mais au commencement du XVIIe siècle, c'est-à-dire en 1643. Nous regrettons de ne pouvoir le reproduire : nous n'avons retrouvé que des traces de son existence.

Ce document figure parmi les dépêches, dans les *Archives de la Principauté de Liége*. En voici la preuve :

« Effacement du nom de Pier de Coudraye, armurier, hors la

» permission lui faicte, et à Jean Van Beulhe, pour convertir le fer
» en acier, le dix-neuvième de janvier dernier.

» Ferdinand à tous et ung chacun qui ce présent verront ou lirre
» orront, salut. — Reçu avons, l'humble supplication de Jean Van
» Beulhe, bourgeois de notre ville de Maestricht, contenant qu'il
» nous aurait plu au dix-neuvième de janvier dernier, accorder au
» dict Pier de Coudroye, armurier, et au dict Jean Van Beulhe, la
» faculté de pouvoir convertir le fer en acier, et celuy vendre et
» distribuer par nostre pays de Liége, et que le dict Pier de Cou-
» droye, aurait délaissé, quitté, abandonné le dict suppliant, pour
» s'associer avec aultres, etc. » (Dépêches).

Il est évident que ce passage atteste l'existence d'un octroi anté-
rieur, et qu'il établit, de la manière la plus positive, qu'au commencement du XVIIe siècle la fabrication de l'acier cémenté était
répandue dans le Pays de Liége.

Ainsi nous pouvons dire avec Karsten *(Lehrbuch der Eisenhüttenkunde)* : « L'Angleterre, qui est devenue aujourd'hui l'école du sidé-
» rurgiste, est redevable au continent (ou plus exactement à la
» Belgique) de deux grandes découvertes : le haut-fourneau et
» l'acier de cémentation. »

Cependant la fabrication de l'acier n'était pas destinée à prendre
parmi nous un développement en harmonie avec celui qu'y avaient
acquis tous les arts sidérurgiques. La nature vicieuse de nos minerais y apportait d'insurmontables obstacles.

On sait en effet que le soufre et le phosphore, qui souillent la
grande majorité de nos mines de fer, se retrouvent en entier dans
le métal qui résulte de leur élaboration, et exercent sur celui-ci la
plus pernicieuse influence. La fabrication de l'acier exigeait au
contraire un fer doué de la plus grande pureté, car tous ses vices
semblent s'exalter encore par la cémentation. L'acier obtenu ne
pouvait être, dès lors, que d'assez médiocre qualité, et impropre à
la plupart de ses usages.

L'Allemagne produisait d'ailleurs, par l'affinage de la fonte, des
aciers naturels qui offraient sur les nôtres deux espèces d'avantages :
le bas prix résultant de la rapidité de l'opération, et enfin la
supériorité qui dérivait de l'excellente qualité de ses fontes
miroitantes.

De son côté, l'Angleterre avait su, par l'emploi des fers de Suède,
tirer parti de notre découverte. Aussi, à la faveur de cet avantage,

partageait-elle avec l'Allemagne le monopole de tous les marchés du continent.

Quoi qu'il en soit, la fabrication de l'acier persista dans le Pays de Liége. Elle y fit même quelques progrès, car, à l'époque où Réaumur publia son bel ouvrage sur l'art de convertir le fer en acier et d'adoucir la fonte, elle avait atteint à peu près le degré de perfection où nous la trouvons aujourd'hui. L'art de chauffer les fours avec économie a fait seul quelques progrès.

A l'époque où la domination française imprima à l'industrie liégeoise une impulsion si féconde et si heureuse, le gouvernement impérial songea à s'affranchir de l'important tribut que prélevait sur la France l'importation des aciers d'Angleterre. Sous le double patronage de l'État et des associations savantes, le Pays de Liége fit alors un grand pas dans la voie du progrès, et parut non-seulement balancer les avantages de ses adversaires en sidérurgie, quant à la perfection de ses produits, mais encore l'emporter sur eux par la modicité de ses prix de vente et l'importance de sa fabrication.

En 1807, la Société d'Encouragement proposa un prix de 4,000 fr. pour la fabrication d'un acier égal au plus parfait des fabriques étrangères. La Société exigeait que l'on justifiât, de la manière la plus authentique, que les échantillons provenaient d'une manufacture capable de subvenir en grande partie aux besoins du commerce, et de soutenir, par ses prix, la concurrence avec les fabriques étrangères.

Le Pays de Liége répondit bientôt à cet appel. MM. Poncelet se livrèrent à la fabrication de l'acier, en employant exclusivement des fers de Suède. Mais c'était peu d'obtenir des produits de bonne qualité, s'ils ne présentaient en même temps, dans tous les points de leur masse, une homogénéité complète. L'œuvre de la cémentation, n'opérant que par la surface et s'affaiblissant vers le centre des barres, était elle-même, à cet égard, un obstacle insurmontable. On pouvait, il est vrai, par un forgeage prolongé, se rapprocher beaucoup de cette homogénéité tant désirée, mais c'était toujours au détriment des qualités de l'acier, qui subissait, par l'action de ces chaudes répétées, une décarburation partielle.

Déjà, en 1750, Huntzman, de Scheffield, avait découvert, avec des moyens de fondre l'acier, une brillante solution de ce problème. —

Mais cette opération présentait elle-même des difficultés qui avaient jusqu'alors paru insurmontables.

On peut dire que MM. Poncelet, par les recherches auxquelles ils se sont livrés, par le parti habile qu'ils surent tirer de nos ressources locales, réinventèrent l'acier fondu. Ils parvinrent à découvrir, dans les environs d'Andenne, une argile plastique complètement réfractaire au feu, et enfin à la façonner, en la contournant en spirales, en creusets, qui, présentant toutes les garanties possibles de solidité et d'infusibilité, pouvaient contenir 50 à 60 kil. de matière.

Dès lors, la question parut résolue. Mais nous laisserons à d'autres le soin d'en apprécier les résultats.

Le 17 février 1808, M. de Gerando, secrétaire de la Société d'Encouragement, annonça dans son rapport que « les frères Poncelet, » de Liége, par la fabrication de leur acier, venaient de mettre enfin » la France en possession d'un procédé si important, si désiré dans » les arts; découverte qui promettait de si grands résultats, et qui » a mérité l'appui du gouvernement. »

Et plus loin : « Les aciers fondus nos 12 et 13, indiqués propres » aux rasoirs et aux canifs, ont été trouvés par le jury ausssi bons, » à la forge et à la trempe, que l'acier Huntzman; d'un tranchant » parfait pour les rasoirs, et excellents pour couper le bois, le fer, » et la croûte dure de la fonte ; et enfin d'un poli superbe. — » M Bréguet a fait avec ces aciers divers essais très-difficultueux, » qui ont parfaitement réussi.

» Il ne nous restait que deux choses à contater pour remplir » complètement les conditions du programme. La première, que la » manufacture était capable de soutenir, par les prix, la concurrence » avec les fabriques étrangères. A cet égard, M. Poncelet, qui don- » nait son acier fondu à fr. 7 le kil. en 1806, le donne actuellement » au prix de fr. 5. Or, l'acier anglais, qui depuis quelque temps est » entré abondamment en France, est tombé à Paris à peu près à » ce prix.

» Relativement à la seconde condition, que cette manufacture fût » en état de subvenir à une grande partie des besoins du commerce, » il résulte d'un relevé détaillé des registres de MM. Poncelet, » qu'en 1809 ils ont expédié de Liége, en limes et acier, un poids » de 7,614 kil., valant 35,034 fr.; en 1810, 9,834 kil., valant 54,400 » fr. En 1811, ils avaient en magasin 16,590 kil. de fers de Suède

» et de France dont la moitié déjà cémenté; en acier fondu, 8,900 kil.,
» et en limes de toutes espèces 8,500 douzaines. D'après ces faits,
» je propose à la Société de déclarer le prix de 4,000 fr. gagné par
» M. Poncelet, de Liége, et de lui décerner une médaille d'or,
» frappée en se servant d'un coin fait avec son acier, »

Les aciers de la manufacture Poncelet étaient de trois variétés:
l'une, très-ductile, était la tôle d'acier s'employant à la fabrication
des ressorts, des cuirasses, etc., et recevant en outre divers emplois dans la bijouterie et l'horlogerie; la seconde se vendait en
grosses barres carrées ou rondes, pour coins, matrices et cylindres; enfin, la troisième se présentait sous forme de barres de différents calibres, et servait à la fabrication des limes, des outils et
de la coutellerie.

On fabriquait en outre de l'acier fondu prenant le dur à l'air, et
de l'acier de seconde fusion, très-ductile, et susceptible d'un poli
parfait.

Malheureusement cette industrie n'a pas réalisé chez nous les
brillantes promesses que les prémices avaient fait concevoir. Elle
est demeurée stationnaire, et nous sommes encore tributaires de
l'étranger pour les aciers de qualité supérieure. Nous terminerons
ici tout ce que nous avons à dire de ce produit.

C'est vers l'année 1830 que prit naissance en Westphalie et que
se répandit en Angleterre, en Styrie, en Carinthie et dans la province de Liége, la fabrication des aciers puddlés.

Ces produits, très-économiques en ce qu'ils s'obtiennent en
apportant quelques modifications au puddlage ordinaire, constituent
des aciers doux, jouissent d'une soudabilité parfaite. Peu convenables pour la coutellerie, ils se prêtent parfaitement à la confection
des bandages, des tôles fines de quincaillerie, et, en général, des
objets de grande dimension.

L'Allemagne emploie pour ce travail des fontes blanches miroitantes; l'établissement de Seraing, qui, le premier, l'a adopté dans
notre province, des fontes grises de bonne qualité, quelquefois
même des fontes blanches.

Les circonstances qui caractérisent cette opération ont pour
objet de prévenir l'affinage complet de la fonte; elles dérivent à la
fois de la construction des fours et de la conduite de l'opération.

Les modifications à apporter à l'appareil consistent dans l'emploi
d'une sole plus profonde et moins étendue, et d'un registre à

fermeture hermétique qui puisse, en un instant donné, suspendre
complètement le tirage de la cheminée.

Le mode de travail présente comme particularités : un chargement en fonte moins considérable ; une élaboration moins prolongée ;
des additions de scories crues et d'oligiste, pour former un laitier
décarburant, quelquefois de manganèse, d'argile et de sel marin,
ou d'autres substances qui épurent la fonte et perfectionnent les
produits.

A cet égard, nous avons à mentionner des essais tout récents,
pratiqués par un maître de forges anglais, M. Knolls, dans plusieurs
usines de notre province, et tendant à améliorer les produits par
des additions diverses pour l'élimination du soufre et du phosphore.
Ces modifications, qui font l'objet d'un brevet, ont, paraît-il, produit
d'excellents résultats, même avec des fontes très-sulfureuses.

A l'aide de certains changements dans le puddlage de l'acier, il
est facile d'obtenir des fers à grains ou aciéreux, qui tiennent le
milieu entre ce produit et le fer ordinaire, et se prêtent avec avantage à des usages spéciaux, notamment à la fabrication du fer-blanc
et du fer de tréfilerie. Ce mode de travail, qui s'est aujourd'hui
très-répandu, constitue un véritable progrès pour la sidérurgie.

Depuis quelques années, la fabrication de l'acier est entrée dans
des voies nouvelles. L'application du procédé Chenot à l'usine de
Couillet a fourni au commerce des produits que l'on ne distingue
plus, que par la modicité de leurs prix, des meilleurs aciers d'Angleterre. — Malheureusement les fabricants, s'exagérant l'importance
immédiate de leurs débouchés, ont établi leur usine sur une échelle
qui n'est pas aujourd'hui en rapport avec la consommation.

Espérons cependant pour la Belgique que, grâce à l'excellence
de ses procédés, cette usine saura se tirer des difficultés de sa
situation, et qu'elle livrera au Pays de Liége de bons aciers à
bas prix.

CHAPITRE XIII

Influence de la révolution et de la domination française sur notre industrie sidérurgique.

SOMMAIRE. — DÉTRESSE DES PREMIÈRES ANNÉES. — ORGANISATION DU
POUVOIR. — NOTRE SITUATION INDUSTRIELLE. — PROTECTION DOUANIÈRE.
— FONDERIE DE CANONS.

Dès le principe de la Révolution, le voisinage et les agitations intérieures de la France, la fermeture de tous les débouchés, la stagnation de tous les arts industriels, enfin l'envahissement du territoire par les armées de la République, frappèrent la sidérurgie liégeoise d'un coup de mort. — Durant trois années, le Pays de Liége présenta ce spectacle, à la fois curieux et affligeant, d'une population d'ouvriers sans travail groupés autour d'une multitude d'usines inactives.

Mais la crise ne fut que passagère. Dès que la réunion de notre territoire à la France, sous le nom de département de l'Ourthe, fut consacrée, nous fûmes appelés à partager les destinées glorieuses de cette grande nation, et l'industrie, au milieu des troubles de la guerre, participant au mouvement des esprits, subit bientôt une révolution qui devait en changer la face, et asseoir son organisation sur des bases nouvelles.

Ainsi, quand le pouvoir organisateur et fort du Premier Consul se fut établi, la France et la Belgique avec elle, malgré les luttes qu'elles eurent à soutenir contre l'Europe entière, jouirent à l'intérieur des bienfaits d'une puissante organisation administrative, qui sut faire renaître le commerce et l'industrie.

Parmi les puissances ennemies de la France, l'Angleterre était la plus redoutable et la plus acharnée. Invincible sur mer, elle ne pouvait être atteinte que sur le continent et par la ruine de son commerce. Aussi le même esprit qui fit décréter plus tard le blocus continental fit-il bientôt fermer aux produits de l'industrie anglaise tous les marchés de la France. Mais, en se privant ainsi d'importations nécessaires, la France dut songer à se créer à elle-même des centres de production. En présence des armements formidables que réclamait la guerre, elle comprit qu'elle ne pourrait se suffire à elle-même : elle résolut de développer le centre industriel que les victoires de ses armes avaient mis dans ses mains par la conquête de la Belgique.

Le Pays de Liége comprit son rôle et saisit habilement les avantages de la situation. Grâce à la protection douanière de la France et à l'écoulement qu'elle assurait à ses produits, il l'affranchit bientôt du tribut qu'elle payait à sa rivale.

Bien qu'en général les arts industriels ne se développent et ne prospèrent qu'au sein de la paix et de la tranquillité publique, la guerre est quelquefois aussi une source puissante d'activité pour le travail. — Ainsi la sidérurgie liégeoise, qui, faute de débouchés, se trouvait naguère languissante, se vit tout-à-coup dans une situation aussi favorable qu'exceptionnelle. Devenu spontanément le centre industriel le plus productif de tout l'Empire, le Pays de Liége eut pour débouché le vaste territoire de la France entière.

C'est à cette époque que se rapporte la fondation de l'une des usines les plus importantes de notre province : celle de la fonderie de canons. — Nous empruntons, relativement à l'histoire de sa création, quelques détails à la notice que M. le général Frédérix a publiée dans le tome premier des *Annales des travaux publics*.

« En 1803, M. Perier, mécanicien de Paris, s'était engagé à
» fournir au Premier Consul 3,000 canons de 36, destinés à l'ar-
» mement de la flottille de Boulogne, et des avances successives,
» qui s'élevèrent jusqu'à 1,700,000 fr., lui furent faites pour l'aider
» à exécuter cette commande.

» M. Perier fit choix de la ville de Liége pour établir l'usine qui
» lui était nécessaire. . . . . . Il n'était guère possible de trouver
» un emplacement plus convenable. Les houillères dont il est
» entouré permettent de s'y procurer le combustible au prix le
» moins élevé; la Meuse et la Sambre rendent le transport des
» fontes peu coûteux, et ces rivières, ainsi que d'autres moyens
» faciles de communication, mettent à même, en tout temps,
» d'expédier à peu de frais les produits sur tous les points du
» pays.

» M. Perier construisit d'abord deux halles destinées au coulage
» des pièces et qui renfermaient chacune 6 fours à réverbère; un
» vaste atelier où l'on pouvait forer 20 bouches à feu à la fois, et
» d'autres ateliers secondaires où se confectionnaient les objets que
» nécessite la fabrication des bouches à feu : modèles, outils
» divers, briques réfractaires, etc.

» Voulant que rien ne pût arrêter ses travaux, il établit pour
» moteur 6 machines à vapeur de la force totale de 96 chevaux,
» qui lui coûtèrent au-delà de 160,000 fr.

» Tous ces travaux exigèrent deux années environ, et, en 1805,
» M. Perier commença à fabriquer des bouches à feu.

» . . . . Il rencontra une foule d'obstacles au début de ses opé-
» rations; il manquait d'ouvriers habiles. Il lui fallut encore deux
» années pour découvrir un sable qui convînt pour le moulage;
» enfin, ce ne fut qu'après de nombreux essais qu'il parvint à
» couler des canons d'une résistance suffisante.

» Cette réunion de circonstances fâcheuses l'empêcha de remplir
» les conditions de son contrat. Il fut obligé de résilier, et le gou-
» vernement, pour se couvrir de ses avances, prit possession de la
» fonderie de Liége.

» Sous le Consulat et l'Empire, la fonderie fabriqua environ 7,000
» bouches à feu en fonte, de divers calibres, tant pour la marine
» que pour les batteries de côtes. On y coula, entre autres pièces,
» des mortiers à plaques de 12 pouces, bouches à feu très-difficiles
» à forer, et des obusiers à la Villantroys du poids de 8,491 k.—Ces
» obusiers sont les pièces de fonte les plus lourdes qui aient
» existé. »

Toutes les fontes employées jusqu'alors pour fabriquer des bouches
à feu étaient des fontes au charbon de bois, dont le quintal métrique, qui se paya jusque fr. 28, ne descendit jamais au-dessous
de 22 fr. Elles provenaient en général des fourneaux de Donlong,
près de Longwy; de St-Roch à Couvin; de Vaux et de Moniat, de
Bouvignes, de Dieupart et de Rouillon.

Les premiers essais pour fondre des canons à l'aide de la fonte au
coke eurent lieu sous la direction de M. Jure. Il se livra à cet égard,
au fourneau de M. Amand à Bouvignes, à quelques essais. On fabriqua
d'abord des fontes au moyen d'un combustible mixte, et l'on augmenta successivement la proportion de coke, jusqu'à suppression
complète de charbon de bois. On remarqua que la dureté de la fonte
augmentait avec la proportion de coke employée pour la produire.
C'est ainsi que les fontes fabriquées uniquement à l'aide du coke
étaient très-fortes, résistaient très-bien à l'épreuve, mais possédaient
en même temps une dureté si grande, que le forage des canons
devint à peu près impossible. Ces tentatives furent abandonnées.

A l'époque dont nous parlons, la fonderie de canons était la plus
vaste usine de notre province. — Mais, après elle, il y en avait une
multitude de plus modestes qui constituaient par leur ensemble un
vaste centre industriel. — Nous avons parlé assez longuement de
chacune de ces catégories d'ateliers. — Il ne nous reste plus qu'à
en fournir la statistique. — Les résultats des recherches que nous
avons faites à cet égard, dans les archives de la province, sont
consignées dans le tableau ci-après :

TABLEAU DES USINES DU DÉPARTEMENT DE L'OURTHE.

1ᵉʳ ARRONDISSEMENT.

NOMS DES COMMUNES.	DÉSIGNATION DE L'USINE.	DÉSIGNATION DE SON COURS D'EAU.	SITUATION DANS LA COMMUNE.	DATE D'ÉTABLISSEMENT.	NOM DU PROPRIÉTAIRE.	OBSERVATIONS
1	Angleur.	Martinet pour fer.	Sur une branc. de l'Ourthe dite Forchu-Fossé.	Ham. des Aguesses.	Le 30 mai 1380.	Lambert Leroy.	
2	Id.	Martinet pour fer.	Branche de l'Ourthe.	Colonster.	En 1344.	Servais Grisard.	
3	Aywaille.	Forg' et fourneau.	Sur l'Amblève.	Dieupart.	Titres inconnus.	de Sélys-Fanson.	
4	Chaudfontaine.	Laminoir à tôles.	Sur la Vesdre.	La Rochette.	1629.	Jean Grisard.	Cette usine était autrefois une fonderie. — Elle fut érigée à la faveur du rendage d'un coup d'eau par le seigneur de la Rochette. Elle existait déjà en 1629. Le fer en barres se tirait de Huy, Sambre-et-Meuse et d'Arenberg.
5	Id.	Usine à canons.	Sur la Vesdre.	Chaudfontaine.	Titres inconnus.	Gossuin.	Cette usine était un martinet depuis un temps immémorial. Elle a été transformée en une fabrique de canons sous la République. Elle contenait 6 bancs de forage et occupait 10 à 12 ouvriers.
6	Id.	Martinet.	Id.	Id.	Id.	André Orval.	
7	Id.	Usine à canons.	Id.	Id.	1721.	Jaspar Gouty.	
8	Id.	Laminoir à tôles.	Id.	Id.	1773.	Vᵉᵉ et Gⁱᵉ Grisard.	
9	Esnbour.	Fonderie.	Sur l'Ourthe.	Soubrid.	Titres inconnus.	Gellard.	Cette usine était anciennement un haut-fourneau.
10	Id.	Deux martinets.	Id.	Id.	Temps immémor.	Noël Walthéry.	On y fendait annuellement 2,000,000 liv. de fer, consommé à Liège et les environs.
11	Id.	Fonderie.	Id.	Id.	Id.	Donnés.	Cette usine produisait annuellement 250,000 kil. de fer ouvré; la consommation de houille était de 35,000 liv. par mois. Elle était médiocrement activée par 7 ouvriers, et travaillait à façon pour les marchands de fer de Liège.
12	Id.	Laminoir.	Id.	Id.	Id.	Donnés.	Produit annuel 2,280,000 liv. de fer pour clous; consommation 150 charrées de houille par an; activée par 6 ouvriers. Le laminoir produit 2,000,000 liv. de tôles pour l'intérieur et l'étranger.
13	Id.	Fonderie.	Id.	Colonster.	Temps immémor.	Grisard frères.	Cette usine produisait annuellement 1,000,000 liv. de fer fendu.
14	Id.	Martinet.	Id.	Id.	1791.	Leroy et Philippe.	
15	Forêt.	Usine à canons.	Sur le ruis. de Mosbeux.	Bois de Mosbeux.	Temps immémor.	Ancion.	Il est impossible de se procurer les titres de ces établissements; on pense que ci-devant les princes de Liège rendaient les coups d'eau de la Vesdre ainsi que du ruisseau de Cederiole, et que les moines de Beaufays rendaient les coups d'eau du ruisseau de Mosbeux, en qualité de seigneurs de la pêche de ce ruisseau.
16	Id.	Usine à canons.	Id.	Id.	Id.	Pisklin.
17	Id.	Usine à canons.	Id.	Id.	Id.	Massart.
18	Id.	Usine à canons.	Id.	Id.	Id.	Malherbe.	Ces usines comprennent 17 bancs à forer et 12 feux de forge; il y a aussi 3 grosses forges et 2 martinets pour battre les bancs à canons, ainsi que tous les fers et aciers pour garnitures. Elles fabriquent par jour 40 canons de fusils pour le gouvernement français et 100 pour le commerce.
19	Id.	Usine à canons.	Sur la Vesdre.	Fonderie au Trooz.	Id.	Malherbe.
20	Id.	Usine à canons.	Id.	Id.	Id.	Malherbe.
21	Id.	Maka.	Id.	Id.	Id.	Malherbe.
22	Id.	Maka.	Id.	Fonderie au Trooz.	Temps immémor.	Malherbe.
23	Id.	Forge.	Id.	Hameau de Prayon.	Id.	Jean Rener.	Cette usine comprenait autrefois une affinerie et un haut-fourneau. — Elle s'occupait ci-devant du travail de la mitraille.
24	Id.	Maka.	Id.	Id.	Id.	Denhy et Cⁱᵉ.
25	Id.	Maka.	Sur le ruis. de Cederiole.	Id.	Id.	Jean Rener.
26	Id.	Maka.	Id.	Id. des fᵉˢ de Forêt.	Id.	Bouhéres et Cⁱᵉ.
27	Id.	Maka.	Id.	Id.	Id.	Veuve Rossius.
28	Id.	Maka.	Sur la Vesdre.	Noir-Vaux.	Id.	Tixriрод.
29	Id.	Maka.	Id.	Ham. de la Bronck.	Id.	Veuve Rauoy.
30	Id.	Usine à canons.	Id.	Id.	Id.	Veuve Rauoy.
31	Id.	Usine à canons.	Id.	Id.	Id.	Veuve Rauoy.
32	Id.	Usine à canons.	Id.	Id.	Id.	Orval.	L'usine de Grivegnée, construite sur la rive droite de l'Ourthe, était déjà connue en 1500; elle consistait alors en un haut-fourneau; on y joignit un fenderie et un martinet.
33	Fraipont.	Usine à canons.	Id.	Fraipont.	Id.	Lessance.
34	Grivegnée.	Laminoir.	Sur l'Ourthe.	Au lieu du Fourneau.	An X.	Dupaw-Van Hasselt.	L'usine des Vennes est en activité depuis plusieurs siècles; elle consistait autrefois en un haut-fourneau, qui fournissait en première fusion des poteries de fonte. Sous l'Empire, elle comprenait un haut-fourneau et deux fours à reverbère.
35	Liège.	Haut-fourneau.	Id.	Aux Vennes.	1806.	Pasqon.

№	NOMS DES COMMUNES	DÉSIGNATION DE L'USINE	DÉSIGNATION DE SON COURS D'EAU	SITUATION DANS LA COMMUNE	DATE D'ÉTABLISSEMENT	NOM DU PROPRIÉTAIRE	OBSERVATIONS
36	Liège	Fonderie	Sur la Meuse	Porte St-Léonard	1500	Blochouse	elle consommait annuellement 800 tonnes de charbon de bois, 7 à 800 chars de mine de l'Ourthe, et occupait 30 à 40 ouvriers. La fonderie de canons a été établie en 1805, sous le patronage de l'État, pour la fabrication de 5,000 canons destinés à la flottille de Boulogne. Elle contenait alors 12 fours à réverbère, un atelier de forage, et était activée par 6 machines à vapeur d'une force totale de 90 chevaux.
37	Id.	Fonderie	Id.	Id.	Id.	Massart	
38	Id.	Fonderie	Id.	Quai St-Léonard	1805	Pirson frères	
39	Nessonvaux	Usine à canons	Sur la Vesdre	»	1615	Degotte	
40	Id.	Usine à canons	Sur un ruisseau	»	1661	Coppeneur	
41	Id.	Maka	»	»	1580	Dumont	
42	Id.	Id.	»	»	1498	Heuse	
43	Id.	Usine à canons	»	»	»	Lallaye	
44	Id.	Usine à canons	»	»	»	Malherbe	
45	Id.	Usine à canons	»	»	»	Closset	
46	Id.	Haut-fourneau	Sur la fonte de Chauxhe	A Chauxhe	1754	Houzeur	
47	Vaux-s.-Chèvrem.	Fonderie	Sur la Vesdre	En Hesse	1705	André Grisard	La fonderie date de 1662, le martinet de 1773. Cette usine occupait 20 ouvriers, consommait 375,000 kil. de houille, et produisait annuellement 750,000 kil. de fer martelé ou fendu.
48	Id.	Laminoir	»	»	»	Gossuin	
49	Id.	Maka	»	A Houster	»	Gossuin	
50	Id.	Usine à canons	»	Basse-Ransy	»	Ransy	
51	Id.	Usine à canons	Sur un ruisseau	Id.	An XII	Rsick	

2e ARRONDISSEMENT.

№	NOMS DES COMMUNES	DÉSIGNATION DE L'USINE	DÉSIGNATION DE SON COURS D'EAU	SITUATION DANS LA COMMUNE	DATE D'ÉTABLISSEMENT	NOM DU PROPRIÉTAIRE	OBSERVATIONS
52	Ferrière	Haut-fourneau	Sur le ruisseau de Ferot	Ferot	Temps immémor.	Gillard	Cette mine est très-ancienne. Il est certain qu'un haut-fourneau y existait déjà en 1340. Elle composait sous l'Empire 3 hauts-fourneaux et 3 feux pour l'affinage de la gueuse. Les minerais provenaient des environs. De grands travaux hydrauliques avaient été entrepris pour procurer l'eau nécessaire au débourbage du minon. Un système de roues hydrauliques et de canaux superposés permettait de se servir 8 à 9 fois de la même eau sur une espace de 5 minutes. Elle tirait son combustible végétal par la Meuse, et ses houilles de Charleroi. Elle occupait 500 ouvriers, et était le modèle des forges de l'Empire. Sa consommation annuelle se répartissait ainsi : 3,800 chars de mine lavée ; 2,900 bennes de charbon de bois ; 800 charrées de houille. Le produit s'évaluait à 1,700 gueuses de fonte, pesant 16 à 1,700 liv. chacune. Toute cette fonte passait à l'affinage. Le fer était vendu, à raison de 13 à 18 liv. le quintal, aux marchands de clous des environs de Liège.
53	Harre	Forge et ht-fourn.	Id. id. de Harre	Roche-à-Fresne	Id.	Gillard	
54	Marche-les-Dames	4 forges	Id. id. de Marche	Centre de la com.	Id.	Jaumenne	
55	Id.	Forges	Id.	Id.	Id.	Jaumenne	
56	Id.	5 hauts-fourn.	Id. id. id.	Id.	Id.	Jaumenne	
57	Id.	1 haut-fourneau	Ruis. de Ville-en-Waret	Rinien	Id.	Jaumenne	
58	Huy	1 laminoir	Sur le Hoyoux	»	An XI	Raimond	
59	Id.	Forge	Id.	»	An X	Destrebusde	
60	Id.	Fourneau	Id.	»	An XII	Jaumenne	
61	Id.	Martinet	Id.	»	Id.	Jaumenne	
62	Id.	Laminoir	Id.	»	Id.	Jaumenne	
63	Id.	Id.	Id.	»	Id.	Delloye	
64	Id.	Martinet	Id.	»	Très-ancien.	Delloye	
65	Id.	Id.	Id.			B. Delloye	

3e ARRONDISSEMENT.

№	NOMS DES COMMUNES	DÉSIGNATION DE L'USINE	DÉSIGNATION DE SON COURS D'EAU	SITUATION DANS LA COMMUNE	DATE D'ÉTABLISSEMENT	NOM DU PROPRIÉTAIRE	OBSERVATIONS
66	Coll.	Forge	Urk	Au dessus de Coll.	Temps immémor.	Schruft	Toutes les usines dont la date des titres n'est pas énoncée sont si anciennes qu'elles paraissent avoir été établies avant l'arrivée du duc de Bourgogne en 1468, qui fit brûler toutes les forges et fourneaux de ce pays, de même que toutes les archives du marquisat de Franchimont. — Il est probable que ces forges furent rétablies après que ses armées se furent retirées, et l'on croit que c'est la cause pour laquelle on ne retrouve plus les titres en vertu desquels elles ont été fondées.
67	Coll.	Forge	Urk	Id.	Id.	Harsch	
68	Halschy	Aciérie	Rivière d'Olef	»	Id.	Poesgen	
69	Hellenthal	Forge	Id.	»	Id.	»	
70	Olue	Usine à canons	Ruisseau	Nessonvaux	Id.	»	
71	Schleyden	5 forges	Id.	»	Id.	»	
72	Spa	Forge	Le Wayai	Marteau	Id.	Limbourg	
73	Teuven	Affinerie	Rivière de Spa	Id.	Id.	Id.	
74	Id.	Forge platinante	Id.	Bouxherie	Id.	La commune	
75	Id.	Id.	Id.	»	Id.	Bertrand	
76	Id.	Martinet	Id.	»	Id.	Limbourg	
77	Id.	Platinerie	Grand-Pret	»	Id.	Servais	

Nᵒ	NOMS DES COMMUNES.	DÉSIGNATION DE L'USINE.	DÉSIGNATION DE SON COURS D'EAU.	SITUATION DANS LA COMMUNE.	DATE D'ÉTABLISSEMENT.	NOM DU PROPRIÉTAIRE.	OBSERVATIONS.
78	Tenven.	Platinerie.	Grand-Pres.	Douxherie.	Temps immémorial.	Deprasseux.	
79	Id.	»	»	»	Id.	Id.	
80	Tieux.	»	Rivière de Spa.	Forge-Thiry.	Id.	Saseu.	
81	Id.	»	Id.	Id.	Id.	Id.	
82	Id.	Martinet.	»	Raenonfosse.	Id.	Deleeur.	
83	Id.	Martinet.	»	»	Id.	Id.	
84	Walhorn.	Martinet.	La Gueule.	Astenette.	Id.	Rodberg.	

CHAPITRE XIV

Période moderne. — Introduction.

SOMMAIRE. — INVENTION DES MACHINES A VAPEUR. — FABRICATION DU FER AU COKE. — EXTENSION DONNÉE A L'INDUSTRIE HOUILLÈRE. — INTERVENTION DE LA SCIENCE DANS L'INDUSTRIE. — RÉVOLUTION INDUSTRIELLE EN ANGLETERRE. — SES DÉBUTS EN BELGIQUE.

A la fin du siècle dernier, en même temps qu'une violente commotion sociale bouleversait la France, une grande révolution s'accomplissait dans l'industrie humaine. L'ancienne organisation du travail disparut, sa sphère s'agrandit, et, de toutes parts, il y eut un vaste développement des forces productives.

Le point de départ de cette révolution fut la découverte de la vapeur, c'est-à-dire d'une force motrice indéfinie; une plus grande extension donnée à l'industrie houillère, c'est-à-dire l'utilisation d'un vaste réservoir de forces mécaniques et d'agents chimiques; enfin l'élaboration du minéral de fer à l'aide du coke, c'est-à-dire l'immense production d'un métal qui est la source de toute industrie.

Ce mouvement des esprits dériva d'une cause plus élevée que le hasard. La marche des événements, leur subordination nécessaire, n'admet pas de pareilles transactions. Elle procéda de l'application à l'industrie, des idées spéculatives depuis longtemps acquises à la science.

Le point initial du mouvement industriel fut l'Angleterre, et il devait en être ainsi. Déjà, depuis longtemps, elle avait secoué le servage politique, et la sagesse de ses lois avait développé sa prospérité matérielle. Resserrée dans son île, elle sentit le besoin de s'étendre au-dehors, et se créa des colonies. — Dès lors, la marine et le commerce enlevèrent tous les bras aux manufactures. On manqua de travailleurs; le génie de Watt sut en créer d'innombrables. Son ingénieuse combinaison permit d'appliquer immédiatement la vapeur, non-seulement à l'épuisement des mines, mais encore à l'extraction du charbon, à la fabrication des tissus, à la manutention des minéraux, des souffleries et des laminoirs.

On eut enfin le concours d'une puissance universelle et indéfinie, pour produire le mouvement, c'est-à-dire ce qui résume tous les travaux des hommes.

C'est ainsi que, dans le domaine de l'industrie, la Grande-Bretagne sut prendre sur l'Europe entière une avance d'un demi-siècle, une supériorité qui de longtemps ne sera pas effacée. — Tandis qu'elle s'appliquait au développement de ses forces productives, la France avait oublié tous les arts paisibles pour conquérir sa liberté, et la Belgique, énervée, engourdie par le vieux régime, n'avait plus ni assez de vitalité ni assez d'énergie pour participer au mouvement des esprits.

Depuis cinquante ans, en effet, on fabriquait en Angleterre de la fonte à l'aide de charbon de terre, que la Belgique en était encore à des essais timides et sans résultats. Les lamentations se continuaient à propos du défaut de charbon de bois, et le sol contenait dans son sein d'inépuisables richesses en combustible minéral. Au surplus, la Belgique était tuée commercialement. Elle avait perdu l'ancienne initiative qu'autrefois elle s'était acquise dans le commerce de l'Europe ; elle fabriquait timidement et sur commande, et attendait patiemment que l'impulsion commerciale lui vînt de la France ou de la Hollande.

Mais sa vitalité industrielle n'était qu'assoupie. Il suffit du contact de la France, de sa participation au mouvement, au choc des idées, pour réveiller en elle de merveilleuses aptitudes. La Belgique, et surtout le Pays de Liége, devinrent tout-à-coup le centre industriel du vaste Empire français. On voit alors s'établir à Liége des machines à vapeur rotatives ; la question de l'emploi du coke dans les hauts-fourneaux est agitée de toutes parts ; l'industrie devient moins timide dans ses essais ; de vastes débouchés sont ouverts à ses produits.

A partir de ce jour, la Belgique présenta un spectacle des plus singuliers et des plus rassurants. Elle comprit immédiatement sa situation ; elle comprit que jusqu'alors elle avait négligé le développement de ses moyens d'action ; que son rôle n'était pas seulement de transformer en tôles, en fusils, en clous, les produits du Pays de Namur ; que sa situation lui permettait, au contraire, de devenir, pour le fer et pour la fonte, l'une des puissances les plus productrices de l'Europe.

La Belgique n'avait rien, en effet, à envier à l'Angleterre quant à sa constitution géologique. Comme celle-ci, elle était traversée par deux vastes bassins houillers, ces fleuves de la richesse souterraine ; comme elle, elle possédait d'abondants gisements de minerais de fer ; comme elle, elle avait une population industrieuse et compacte. Elle s'empressa de fouiller son sol et de le couvrir d'immenses établissements. Elle sut saisir avec sagacité les procédés de l'Angleterre, les modifier dans le sens de l'utilisation de ses ressources locales, et fit bientôt trembler ses maîtres.

L'introduction de la méthode anglaise en Belgique réclama bientôt la construction de machines à vapeur et de laminoirs. Au reste, l'application de l'appareil de Watt comme force motrice de toute industrie allait nous rendre bientôt, pour la confection de ces appareils, tributaires de nos rivaux. En cette occasion, le Pays de Liége affranchit la Belgique de cette servitude. Il possédait une phalange d'artisans chez qui, depuis longtemps, la fabrication des armes et de la quincaillerie avait développé une remarquable habileté dans l'art d'ouvrer le fer. Il suffit d'un seul exemplaire de machine tiré d'Angleterre par les ateliers de Seraing pour servir de modèle à tous nos travailleurs. Ils eurent bientôt le secret et l'habitude de cette fabrication ; ils l'eurent bientôt perfectionnée ; inondèrent le pays de machines à vapeur, et parvinrent même à partager à l'étranger le monopole de l'Angleterre.

Jamais la Belgique n'a montré autant de puissance, autant d'aptitudes diverses, qu'à l'époque où elle accomplit sa révolution industrielle. Jamais on n'a vu un peuple tout entier improviser , pour ainsi dire, une industrie. Car, s'il est vrai de dire que la Belgique soit la terre classique de l'industrie sidérurgique, il n'en est pas moins vrai que les extensions qu'elle sut lui donner, les progrès qu'elle sut accomplir, ont tout le caractère d'une création nouvelle.

Et que l'on ne dise pas que , des ressources naturelles de notre territoire dérivent tout entières les sources de notre prospérité. Il en est d'autres qui tiennent au génie et à l'activité de nos énergiques populations. La Prusse et la France, l'Espagne et l'Autriche , possèdent, avec des éléments matériels semblables , des débouchés plus étendus. Et cependant la Belgique seule a su entrer en lutte avec l'Angleterre, lui disputer ses succès et ses monopoles ; et si un savoir industriel plus répandu, une pratique plus ancienne , assurent encore à nos rivaux une supériorité que nous devons reconnaître, il est certain que la distance s'efface, et que nous saurons la franchir. Ce qui a fait la force de l'Angleterre, c'est d'avoir possédé cinquante ans plus tôt la machine à vapeur.

L'initiative de tous ces progrès dans le Pays de Liége appartient tout entière à deux hommes auxquels il a voué la plus profonde reconnaissance : MM. Cockerill et Orban. L'un personnifie en quelque sorte l'intervention anglaise , l'autre le génie de nos populations.

CHAPITRE XV

Situation faite à la sidérurgie par la réunion de la Belgique à la Hollande.

SOMMAIRE. — DÉBUT DE CETTE SITUATION. — MESURES DOUANIÈRES. — EXPOSITIONS DE L'INDUSTRIE. — MESURES POUR FAVORISER LE COMMERCE. — MILLION-MERLIN.

L'œuvre du Congrès de 1815, qui associait les intérêts conjurés d'un peuple marchand et d'un peuple manufacturier, avait semblé une combinaison politique des plus heureuses. Quinze millions de consommateurs s'offraient à nos produits, tandis qu'une puissante marine devait les transporter sur tous les points du globe.

Malheureusement, les avantages de cette situation n'étaient guère que dans les apparences. Il y avait chez les deux peuples des instincts de nationalité, des incompatibilités de caractère qui résistaient à la fusion. Au surplus, les intérêts belges furent mal représentés dans le gouvernement. La Belgique fut traitée, non comme une province, mais comme une conquête hollandaise. Il était facile de prévoir que la stabilité d'un tel état de choses était impossible, et qu'un peuple qui avait déjà tant combattu pour ses droits secouerait bientôt le joug qui lui était violemment imposé.

Les débuts de cette situation furent marqués par les mesures douanières les plus déplorables pour notre industrie. Dans le nouveau traité de commerce qui fut rédigé par le commissaire-général des puissances alliées, se faisaient trop sentir les concessions faites aux influences britanniques. A la prohibition absolue du régime continental succéda, sans transition, une protection insignifiante de 3 à 8 %. Nos industriels se trouvèrent donc inopinément sous le coup de la concurrence anglaise, et eurent à essuyer bien des désastres.

A la vivacité des plaintes que la Belgique fit entendre, le gouvernement opposa quelques allégements qui devaient relever la situation. Le tarif douanier émané de l'autorité, sous la date du 3 octobre 1816, fut un pas vers la protection. Il ne contenait cependant que des demi-mesures, et ne contenta personne. C'est ainsi que le charbon de terre demeura libre d'entrée, et que la fonte fut frappée à la sortie d'un droit de deux florins par quintal métrique, tandis que la fonte étrangère pénétra dans l'intérieur du royaume sous un simple droit de balance.

Ces mesures, que l'on croirait dictées par l'Angleterre, portèrent bientôt leurs fruits. Dès l'année 1818, la forgerie tomba du haut degré de prospérité où la protection française l'avait élevée, et sembla même un instant succomber dans la lutte manufacturière qu'avait engagée sa rivale.

Certes, la Belgique n'a rien à redouter de l'Angleterre; nous n'en voulons d'autre preuve que la concurrence qu'elle lui fait aujourd'hui sur les marchés de l'étranger. Mais, entre la protection absolue qui énerve l'industrie en lui créant une situation factice, et le libre échange sans réserve qui la tue par la concurrence, il y avait quelque chose à trouver, une transition graduelle à établir.

L'État s'émut enfin de cette situation, et comprit, avec ses torts, ses véritables intérêts. Il entra dès lors dans une voie nouvelle, et chercha à atténuer par quelques mesures la gravité de ses premières fautes. C'est à cette époque qu'il faut rapporter la création de quelques institutions utiles que nous allons examiner. Disons cependant auparavant que ces mesures furent loin de réaliser toutes les espérances qu'elles avaient fait concevoir, et que le génie de nos populations fit plus que l'intervention de l'État.

Déjà, en 1816, les houilles étaient libres à la sortie, mais elles avaient à l'intérieur à soutenir la concurrence des charbons britanniques, et étaient comme ceux-ci frappées d'un droit énorme de consommation. La loi du 12 mai 1819 laissa subsister ce droit de consommation (7 fl. 43 par tonne métrique) sur les houilles étrangères, et réduisit à 51 cent. la taxe des produits indigènes.

L'année 1822 fut marquée par une révision plus avantageuse encore du système douanier, c'est-à-dire par l'abolition de tout droit sur les houilles indigènes et par un impôt de 4 fl. 25 sur le quintal métrique de fer en barres importé.

Trois Expositions dans le but de favoriser l'industrie nationale eurent lieu sous l'administration hollandaise : la première à Gand en 1820; la deuxième à Harlem en 1825; et enfin une dernière, dont les événements politiques ne permirent pas de constater les résultats, à Bruxelles en 1830.

A l'Exposition de Gand, M. Poncelet-Raunet obtint une médaille d'or pour des limes de sa fabrication. — La même distinction fut accordée à deux autres industriels liégeois en 1825 : à M. Orban pour des ouvrages en fer battu, à M. Malherbe pour la fabrication des armes à feu.

Parmi les mesures qui furent prises dans l'intérêt de l'industrie belge, nous devons encore signaler la création de la Société Générale, et celle du fonds d'industrie décrétée par la loi du 12 juillet 1821. — Cette loi statuait qu'une somme de 1,300,000 florins serait prélevée annuellement sur le produit des douanes, pour être affectée à l'encouragement des industries languissantes ou nouvelles. Cette mesure, bonne au fond, suscita plus d'un mécontent, et valut à l'État le reproche d'intervenir trop directement dans l'industrie, et de guider ses préférences plutôt sur ses sympathies,

6

sur les manœuvres de l'intrigue, que sur les besoins véritables de nos industriels. Cette mesure n'eut donc pas de succès ; on rit beaucoup de ce million-Merlin, qui, nouvel enchanteur, devait faire renaître toutes les industries.

Néanmoins il répandit sur le Pays de Liége un bienfait que l'on n'oubliera jamais : ce fut d'aider la création de l'établissement de Seraing, qu'aucune combinaison financière n'eût jamais réalisée.

La situation s'était pourtant améliorée, et, comme l'a dit M. Capitaine, on peut supposer au roi Guillaume « une arrière-» pensée politique, tendant à acquérir, par les avantages matériels » dont il dotait les provinces belges, des gages de fidélité, et se » faire absoudre des faveurs administratives et religieuses qu'il » accordait à la Hollande. » Enfin l'industrie s'était développée sous l'influence de la tranquillité publique, quand la révolution de 1830 vint briser violemment l'union des deux royaumes et compromettre de nouveau tous les intérêts.

Cette manifestation politique fut plutôt l'œuvre d'un entraîne-ment national que d'un calcul bien entendu. Il n'en est pas moins vrai que la Belgique a su se tirer des difficultés de sa situation, et que ses temps les plus heureux datent de son indépendance.

Maintenant que nous avons étudié le milieu politique et commer-cial dans lequel s'est développée notre industrie, nous nous occu-perons avec plus de détails de chacune des branches dans lesquelles elles se divisent. Mais nous devons d'abord un chapitre à la mémoire de ceux qui surent la faire prospérer et grandir.

CHAPITRE XVI

MM. Cockerill et Orban.

SOMMAIRE. — M. JAMES COCKERILL. — M. HENRI ORBAN.

M. COCKERILL.

Nous savons tous le nom de James Cockerill, à qui Liége et le continent doivent tant de reconnaissance. Ce fut un étranger qui, au commencement de notre siècle, quitta Haslington, sa patrie, pour adopter la nôtre. Nous voudrions nous étendre sur les diffi-cultés de ses débuts; dire par quelle série d'événements il fut amené à l'idée d'élever à Seraing un établissement sans rival; la confiance qu'il eut dans le génie industriel du peuple liégeois ; la profonde sagacité avec laquelle il sut prévoir nos futures destinées; choisir pour son usine la situation la plus avantageuse de notre province; se placer à la fois au centre le plus riche de notre bassin carbonifère et à proximité du fleuve qu'il fit pénétrer jusqu'au cœur de son établissement; dire comment, en 1817, il obtint de l'État la cession de ce beau domaine; par quel art infini il sut le développer d'abord sans secours étranger; l'étendre, l'agrandir sans cesse tout en lui conservant l'unité dans les vues; comment il sut lui procurer des ressources, en y créant d'abord une fabrique de tissus, en important sur le continent la fabrication des machines à vapeur; en y établissant ensuite le premier haut-fourneau au coke que vit notre province; comment il sut vaincre les difficultés innombrables attachées à cette innovation; comment la largeur de ses vues grandit avec l'étendue de ses succès; par quel art il sut amener sa vaste conception industrielle de son état rudimentaire à ses perfections successives; comment il sut, pour ainsi dire, animer nos travailleurs du souffle fiévreux de l'Angleterre; improviser des phalanges d'ouvriers habiles ; créer comme une vaste école dont l'enseignement industriel devait s'étendre et rayonner dans nos provinces ; se faire décerner par l'aménité, par les dons les plus heureux du caractère, le titre de père des ouvriers; répandre parmi eux la richesse et le goût du travail; se faire de l'État un puissant allié par la confiance qu'il sut lui inspirer ; se placer au rang des génies qui honorent l'humanité par l'ampleur de ses vues, et rêver enfin la conquête industrielle du continent.

M. ORBAN.

À l'égard de M. Orban, notre tâche est remplie. M. Capitaine nous a dépeint l'organisation puissante et complète de ce chef d'industrie qui sut allier, à l'esprit le plus fertile en conceptions, l'audace qui les fait entreprendre, le sens pratique qui les fait réussir.

Nous ne substituerons pas à un tableau brillant et complet une appréciation sans autorité, une paraphrase sans force et sans couleur.

« Orban avait, tout autant que son audacieux rival (Cockerill),
» le goût des grandes choses; mais, en affaires comme en politique

» et en administration, c'était un sage, un philosophe pratique;
» tacticien prudent, il n'entrait en campagne qu'après s'être assuré
» des ressources indispensables pour la réalisation de son plan.
» Les vastes entreprises semblaient lui être inspirées sans efforts,
» comme par instinct. On eût dit qu'il avait la perception de
» l'avenir, et qu'il savait en asservir les chances à la justesse de
» ses calculs. Ses hardiesses fécondes étaient des conceptions
» logiques; son génie spéculateur était naturellement guidé par
» son admirable bon sens : aussi fit-il toujours honneur à ses espé-
» rances, et, quand sonna pour lui l'heure suprême, son cœur de
» père dut céder à une bien douce émotion, en léguant, comme
» patrimoine à ses enfants, le magnifique bilan de ses labeurs.

» C'est à Orban que revient en Belgique l'initiative de l'applica-
» tion de la machine à vapeur à l'extraction de la houille; il fut le
» premier à établir des rainures en fer au fond des charbonnages;
» à employer dans les galeries souterraines des chevaux pour la
» traction des chariots, à monter des laminoirs pour étirer le fer,
» à construire des navires en fer à voiles. Un des premiers il fit
» usage de la lampe de Davy; il fut l'un des fondateurs de la Caisse
» de secours en faveur des ouvriers mineurs.

» A Grivegnée, il créa des établissements où le minerai se
» transforme en fonte, le fer en tôles, en barres, en fils de toute
» espèce. La perfection de ses produits est attestée par les dis-
» tinctions obtenues dans les solennelles exhibitions du travail,
» ouvertes tant en Belgique qu'à l'étranger. Il a, pour ainsi dire,
» donné au fer et à la houille toutes les applications dont ils sont
» susceptibles. »

CHAPITRE XVII

Premier haut-fourneau de Seraing.

La construction du premier haut-fourneau au coke que vit notre
province fut achevée dans le courant de l'année 1823.

Voici les dimensions de cet appareil : 48 pieds anglais de
hauteur, 12 pieds de diamètre au ventre, et 3 pieds de diamètre
au gueulard.

Il suffit de jeter un coup d'œil sur ces chiffres pour apercevoir
un grand vice dans le profil du fourneau. Le rétrécissement du
gueulard était évidemment trop prononcé. Il ne permettait ni la

descente régulière des charges, ni le libre dégagement des produits de la combustion. Aussi l'expérience vint-elle bientôt démontrer ce qu'un peu de réflexion aurait dû faire prévoir. L'allure du fourneau fut très-irrégulière ; la descente des charges se produisit obliquement, et l'on n'obtint qu'une fonte impropre à tout usage.

Après quelques essais infructueux, on renonça à faire marcher le fourneau tel qu'il était établi. La partie supérieure en fut démolie depuis le couronnement jusqu'à 20 pieds au-dessus du sol. Sur le tronçon du fourneau demeuré debout, une nouvelle maçonnerie fut élevée, suivant un profil beaucoup plus allongé, et le gueulard reçut une section libre de 6 pieds de diamètre.

Ainsi modifié, l'appareil fonctionna avec régularité pendant une campagne de 18 mois, en fournissant chaque jour 10 tonnes de fonte. Jamais, dans le Pays de Liége, on n'avait atteint ce chiffre de production.

Dans l'origine, la conduite de ce fourneau fut confiée à des ouvriers anglais, et l'on se vit naturellement forcé de céder à tous leurs caprices. Ils n'admettaient dans le haut-fourneau que des minerais de fer fort, rejetant indifféremment les minerais d'Angleur et les mines dites violettes de Meuse, qui, à la vérité, donnent des fers tendres, mais qu'ils considéraient comme impropres à tout traitement.

Le minerai n'était introduit dans le haut-fourneau qu'après avoir subi un grillage préalable. Cette opération était certainement bonne en soi ; elle était même indispensable pour le traitement des minerais carbonatés de la formation houillère. Mais elle était à peu près inutile pour nos minerais, et entraînait une assez forte dépense. Ce ne fut cependant qu'en 1830, après le départ des fondeurs anglais, que l'on tenta l'emploi du minerai cru. L'essai se fit avec prudence, et l'on eut soin de n'en mélanger qu'une faible proportion dans une charge de minerai grillé. Les expériences furent concluantes : la dose de minerai cru fut progressivement augmentée. Aujourd'hui, très-peu de minerais sont calcinés, et encore ne s'emploient-ils qu'en mélange pour la production des meilleures fontes de moulage.

On sait qu'une grande richesse du lit de fusion exerce une pernicieuse influence sur la qualité des produits, mais qu'elle favorise, en retour, l'économie du combustible. Les fondeurs anglais n'admettaient qu'une teneur de 27 à 28 %. Depuis 1831, cette teneur a été portée sans inconvénients à 36 % et même à 40 % pour les fers métis.

Bien qu'à l'époque de la mise à feu du premier haut-fourneau, l'établissement de Seraing possédât déjà plusieurs fours à coke, les Anglais ne voulurent employer d'autre combustible que celui qui résultait de la carbonisation en meules des grosses houilles de Marihaye. Le coke ainsi obtenu était en général léger, friable et peu homogène. Cette fabrication exigeait donc des charbons de premier choix, pour ne fournir de médiocres produits qu'avec un décret très-considérable.

Cependant les fours à coke de l'usine de Seraing étaient établis dans d assez bonnes conditions. Ils présentaient une section elliptique terminée par des raccordements avec deux portes opposées. On y calcinait aisément 36 hectolitres de houille par 24 heures.

Si les produits de ces appareils étaient considérés comme impropres au haut-fourneau, on leur attribuait par contre, pour le travail au cubilot, une supériorité marquée sur le coke provenant de la calcination de la houille en meules.

Après le départ des Anglais, on vint à manquer tout-à-coup de grosses houilles. On essaya d'employer dans le haut-fourneau le coke provenant de la carbonisation du charbon menu dans les fours. Le succès de cette tentative fut complet. L'allure du fourneau, loin d'en souffrir, n'en parut que plus régulière. C'est ce que l'on devait attendre, en effet, de l'homogénéité du combustible. On abandonna donc la carbonisation en meules, et l'on construisit de nouveaux fours.

L'injection de l'air dans le fourneau primitif s'opérait à l'aide de trois tuyères de deux pouces de diamètre. La pression du vent était maintenue à 4 pouces de mercure. Il est certain que les dimensions restreintes du creuset ne réclamaient pas un air aussi fortement soufflé. C'est ce que l'on sentit plus tard. Malgré l'accroissement que subit le fourneau dans toutes ses dimensions, on s'attacha à augmenter le diamètre des tuyères et à réduire proportionnellement la tension de l'air insufflé.

Le fourneau produisait d'ordinaire de la fonte de moulage qui, à cette époque, ne s'employait guère qu'en seconde fusion. On ne moulait, à l'aide de la fonte sortant du haut-fourneau, que des pièces absolument grossières et sans importance. Cette fonte, qui se vendait jusqu'à 24 fr. au quintal métrique, était du reste, grâce' au choix des minerais, de qualité tout-à-fait supérieure.

Le haut-fourneau fournit quatre campagnes ; les deux premières de douze mois chacune ; la troisième dura dix-huit mois, et encore n'eut-elle son terme que par suite de circonstances commerciales. Enfin, la dernière dura sept ans, ce que l'on attribua d'abord à la meilleure qualité des produits réfractaires, mais aussi à une construction mieux soignée, et encore à une conduite meilleure du haut-fourneau par suite de l'expérience acquise.

Telle est, en résumé, l'histoire du premier haut-fourneau de la province de Liége, et le seul que posséda l'établissement de Seraing jusqu'en 1836. Il fut construit en même temps que celui de M. Huart, de Charleroi, et quelque temps avant celui de l'usine de Grivegnée.

Nous avons vu que cet appareil n'eut une marche régulière et économique qu'à partir du jour où la conduite en fut abandonnée aux ouvriers indigènes, que les Anglais produisirent mal et à grands frais, et que nous avons seuls su tirer de nos ressources le parti le plus avantageux.

CHAPITRE XVIII

De l'industrie sidérurgique depuis 1830.

SOMMAIRE. — RÉVOLUTION DE 1830. — DIFFICULTÉS DE LA SITUATION. — INTERVENTION DES SOCIÉTÉS FINANCIÈRES DANS L'INDUSTRIE. — SOCIÉTÉ GÉNÉRALE. — BANQUE DE BELGIQUE. — SOCIÉTÉ DE COMMERCE. — SOCIÉTÉ NATIONALE. — FONDATION DES ÉTABLISSEMENTS D'OUGRÉE, DE SCLESSIN, DE L'ESPÉRANCE, ETC. — CRÉATION DES CHEMINS DE FER. — PÉRIODE DE PROSPÉRITÉ. — CRISE DE 1839. — SITUATION ACTUELLE.

Nous l'avons dit, la révolution de 1830 fut la manifestation d'un vif sentiment d'indépendance, d'un amour de nationalité qui demeura sourd à la voix de l'intérêt. Elle brisa violemment une situation qui s'était améliorée ; elle rompit avec un avenir qui semblait plein d'heureuses promesses. Elle porta momentanément un coup terrible à l'industrie ; plaça la Belgique dans un isolement complet, à la merci des puissances étrangères, sans poids dans le conseil des nations.

Et cependant c'est du sein de ces circonstances difficiles, agitées, précaires, que l'on a vu sortir, à force de patriotisme, de travail, d'énergie et de bon sens, un élan industriel sans précédents, un état politique modèle, une situation heureuse et paisible.

La prospérité industrielle dériva de deux causes : de l'esprit d'association, qui créa des capitaux; de la construction des chemins de fer, qui permit de les mettre en œuvre.

C'est en effet de 1830 que date l'intervention des Sociétés financières dans l'industrie. Le gouvernement français, il est vrai, nous avait accoutumés à la formation de quelques Sociétés pour l'exploitation des charbonnages. Ces entreprises réclamaient, avec de vastes capitaux, un esprit de suite qui n'est guère compatible avec l'industrie privée. Mais ces associations, peu importantes du reste, n'avaient aucun caractère de généralité.

Les dernières années de l'administration hollandaise avaient été aussi marquées par la création de la Société Générale pour favoriser l'industrie. Mais on se rappelle encore le peu de succès qui l'accueillit. Sur le chiffre de 32,000 actions de 500 florins émises, et malgré la garantie d'un minimun d'intérêt de 5 % offerte par l'État, 6,500 actions seulement furent souscrites. Le roi de Hollande dut conserver à lui seul les 25,600 actions restantes.

Au surplus, la révolution de 1830 porta un coup terrible à cette Société : on lui reprocha son origine hollandaise, on craignit l'abus de son ascendant. Ce ne fut que lorsqu'elle manifesta des tendances nationales que la confiance vint à renaître, et que, bien que réalisant de gros bénéfices, elle put exercer sur l'industrie de la Belgique une large et heureuse influence.

A côté de la Société Générale fut créée la Banque de Belgique, au capital de 20,000,000 de fr. La souscription fut cette fois avidement couverte, et la rivalité s'établit entre les deux établissements.

Pour vaincre cette concurrence et pour affermir la supériorité qui dérivait de son ancienneté et de son savoir industriel, la Société Générale créa, en 1835, deux autres associations financières : la Société de Commerce au capital de 10 millions, et la Société Nationale au capital de 15 millions, avec faculté de porter ce chiffre à 20 millions de francs.

Le but commun de toutes ces associations était de favoriser le commerce et d'étendre la production, en aidant toutes les entreprises industrielles reconnues bonnes, mais auxquelles les fonds manquaient.

C'est à la faveur de ces Sociétés financières que furent créés dans notre province ces vastes établissements sidérurgiques qui donnèrent tant d'essor à notre industrie.

Sous le patronage de la Banque de Belgique, on vit s'élever :

En 1835. { La Société des Vennes, au capital de . fr. 650,000
  » Charb. et h^{ts}-fourn. d'Ougrée. » 2,400,000
En 1836. { » St-Léonrd·p^r la fab. des mach. » 1,600,000
  » Charb. et h^{ts}-fourn. de l'Espér. » 4,000,000
En 1837. » Fabrique de fer d'Ougrée . . » 3,500,000

Enfin, sous le patronage de la Société Générale :

En 1836, l'établissement de Selessin, au capital de fr. 8,000,000.

Puis, en 1840, à l'époque de la liquidation de M. Cockerill, l'établissement de Seraing fut constitué en Société anonyme au capital énorme de fr. 12,500,000.

Nous avons vu récemment la maison Orban suivre le même exemple pour l'usine de Grivegnée et les charbonnages de Bonne-Fin.

Ce fut une idée féconde que celle de ces Compagnies-mères prenant sous leur patronage des établissements privés ; se chargeant de toutes leurs opérations financières, relevant leur crédit, et agrandissant le cercle de leurs opérations. Là s'est rencontrée la solution de l'un des problèmes les plus ardus de l'économie politique, la création du capital, c'est-à-dire l'élément essentiel du travail. Par là, chacun put concourir dans la limite de ses moyens au développement de l'industrie, et la richesse nationale tout entière ne tarda pas à s'y intéresser.

Ce vaste développement de forces productives fut suscité en Belgique par l'initiative glorieuse et hardie qu'elle sut prendre en créant sur le continent les premiers chemins de fer.

Cette œuvre fut l'une des plus fécondes de la révolution. Jamais la rivalité hollandaise n'eût permis au peuple belge de relier l'Allemagne à l'Escaut, et de s'emparer ainsi, au détriment de sa navigation, d'un important commerce de transit.

Jamais un peuple de 4 millions d'âmes, au sortir d'une violente commotion politique, au milieu d'une situation précaire et mal affermie, n'a donné au monde un tel spectacle de hardiesse et d'initiative industrielle, un tel exemple de tendances et d'aspirations progressives, que la nation belge, en adoptant, aux yeux du continent inactif, l'agent le plus puissant de civilisation et la découverte la plus féconde des temps modernes.

Cette fois, la Belgique avait compris les besoins de l'époque; elle avait pressenti que l'exemple qu'elle fournissait ne serait pas perdu pour l'Europe, et qu'elle créait ainsi à l'étranger, et pour de longues années, de vastes débouchés aux produits de son industrie.

Déjà, depuis 1826, la Belgique s'était émue en voyant se créer en Angleterre le chemin de fer de Manchester à Liverpool. La répugnance du gouvernement hollandais, la crise qu'elle venait de traverser, avaient nécessairement entravé la réalisation de son plus vif désir. Dès qu'elle eut un gouvernement national pénétré de ses véritables intérêts, elle se mit à l'œuvre.

Malines fut choisi pour la jonction de quatre bras de chemins de fer : le premier, dirigé vers le Nord, aboutissait à Anvers et à l'Escaut; le second prolongeait le premier au midi, vers Bruxelles et la France; enfin, les deux autres, traversant la Belgique de l'est à l'ouest, devait relier la mer à la frontière prussienne.

Dès lors s'ouvrit pour la Belgique une ère de prospérité qui n'eut son terme qu'à la crise financière de 1839. L'Angleterre construisait elle-même des chemins de fer et produisait à peine de quoi subvenir à sa consommation intérieure. Tous les marchés du continent, ceux de la Hollande, de la France et de l'Allemagne, surtout, furent ouverts aux fers et aux fontes de la Belgique. Au surplus, la construction des chemins de fer belges réclamait une production abondante. L'établissement de Seraing se livra immédiatement à la fabrication des rails, à la construction des locomotives. La fonte, qui, pendant la crise, était tombée de 20 à 12 fr., renchérit immédiatement de 30 à 40 p. c. Les fourneaux aux bois furent eux-mêmes rallumés et travaillèrent avec bénéfice.

Dès lors, il se passa des choses incroyables. Une sorte de fièvre, de délire industriel, saisit tous les esprits. Des hauts-fourneaux, des laminoirs surgirent de toutes parts. Dans l'espace de deux années, Liége vit s'ouvrir la Fabrique de fer et les Hauts-Fourneaux d'Ougrée, l'Espérance et l'usine de Selessin. On n'eut plus qu'une seule crainte, celle de manquer de minerai et de combustible. Des ouvriers mineurs qui jamais n'avaient connu d'autre salaire que fr. 1-50 gagnèrent jusqu'à 20 fr. par jour. Tels minerais qui ne valaient autrefois que 8 fr. la tonne lavée se vendit 20 fr., et fut vivement disputée à ce prix. Les maîtres de forges du Hainaut payèrent jusqu'à 35 fr. les minerais de fer fort. En 1836, la production s'éleva à 456,000 tonnes de minerais bruts ; 3,100 mineurs furent employés à l'extraction ; 15 hauts-fourneaux étaient en activité ; la production s'éleva à 135,000 tonnes de fonte , évaluées à 20,740,000 fr.

Malheureusement cette situation n'était que temporaire et factice. Les moyens de production s'étaient accrus sans mesure, et n'étaient plus en rapport avec un état normal, une consommation ordinaire. L'élan que donnait à l'industrie la construction des chemins de fer ne devait pas durer longtemps. Une crise se préparait dans l'avenir, et plusieurs inconvénients se manifestaient déjà. Une foule d'industries étaient en souffrance par suite du prix élevé du fer, qui se vendait jusqu'à 500 fr. par tonne. La fabrication du fer-blanc, des clous, des chaudières, n'était plus possible dans ces conditions.

Bientôt après, d'une production qui n'avait gardé aucune mesure naquit une concurrence extravagante. Tous les marchés furent encombrés de fers et de fonte ; la concurrence anglaise, un instant écartée, se produisit de nouveau, et la situation continua à s'aggraver jusqu'à l'instant où surgit une crise financière fertile en catastrophes.

Elle éclata sur la fin de décembre 1838. La Banque de Belgique suspendit ses paîments ; une forte dépréciation frappa toutes les valeurs. Les fontes, qui, en 1836, valaient fr. 25, tombèrent à 15 ou 17 fr., et encore y eut-il encombrement de toutes parts. La construction commencée de huit hauts-fourneaux fut abandonnée dans notre province ; deux autres furent mis hors feu. On craignit un instant la chute de la Société générale : c'était comme la clef de voûte de notre édifice financier. Elle traversa cependant la crise. Seraing succomba et reçut une organisation nouvelle. Tristes exemples de l'inexpérience et de l'avidité ; funestes résultats de l'engoûment et de la fièvre industrielle !

Sous le coup qui venait de la frapper, la sidérurgie belge demeura longtemps languissante. Ce ne fut guère qu'en 1843 que l'on vit dans la situation une amélioration quelque peu sensible. La construction des chemins de fer d'Outre-Rhin réclama alors nos fontes. Ce marché fut naturellement ouvert aux usines du Pays de

Liége, qui, de ce côté, n'avaient rien à craindre de la rivalité des maîtres de forges de Charleroi. Du reste, la supériorité de nos fontes, pour la fabrication des rails, écarta de même la concurrence des usines de l'Écosse.

Cependant, malgré une demande sans cesse croissante, les prix avaient peu varié. Mais, en 1845, se manifesta une hausse très-prononcée, et nos hauts-fourneaux travaillèrent avec bénéfice. On en compta dès lors 11 en activité dans la province de Liége. La fabrication des rails devint elle-même très-florissante en 1846.

Puis survint la crise politique de 1848. Certes, nos établissements eurent encore cette fois beaucoup à souffrir, mais aucun d'eux ne subit de désastre. On réduisit la production ; on parvint à réaliser de nouvelles économies et à surmonter les difficultés de la situation.

Pendant la période que nous venons d'examiner, la sidérurgie a pris des extensions continuelles ; elle a accompli tous les jours des progrès nouveaux. Le savoir industriel s'est généralisé ; de nouvelles fabrications ont été introduites. Ce sont là autant de faits que nous examinerons en détail dans les chapitres qui vont suivre.

CHAPITRE XIX

Industrie charbonnière.

SOMMAIRE. — BASSIN HOUILLER DE LIÉGE. — EXTENSIONS DONNÉES A L'INDUSTRIE HOUILLÈRE. — PROGRÈS ACCOMPLIS. — PRODUCTION.

Depuis l'introduction en Belgique de la fabrication du fer par la méthode anglaise, la sidérurgie s'est placée sous la dépendance de l'industrie charbonnière. C'est aussi de cette époque que date le développement de nos exploitations.

Le bassin houiller de Liége est l'un des plus riches de l'Europe. Il mesure une longueur de 5 lieues sur une largeur variable qui atteint jusqu'à 2 lieues. M. Dumont a porté au chiffre de 83 le nombre de ses couches. Leur puissance est nécessairement variable, non-seulement de l'une à l'autre, mais encore pour chacune d'elles, en raison de l'allure souvent irrégulière du terrain.

Notre province possède encore deux bassins moins importants, ceux de Huy et de Battice, qui ne fournissent guère que des charbons maigres.

M. Dumont divise notre bassin houiller en trois étages : l'étage inférieur comprend 34 couches, qui paraissent avoir subi, de la part des roches sousjacentes, une action métamorphique très-prononcée. Elles fournissent une houille maigre et sèche qui a perdu tous ses principes volatils, et qui constituerait un coke naturel, parfaitement propre à l'usage du haut-fourneau, si elle ne s'écrasait sous la charge et si son impureté ne devait pas d'ailleurs en proscrire l'emploi.

La 2me série compte 24 couches qui ont aussi subi, mais à un moindre degré, l'influence des roches ignées. Ici, la volatilisation des gaz n'a été que partielle, et le charbon convient tout particulièrement pour le chauffage des chaudières, pour les fours à réverbère et les forges.

Enfin, les couches de l'étage supérieur, au nombre de 34, semblent complètement inaltérées. Elles produisent une houille grasse et collante, qui se gonfle par la chaleur et brûle avec une flamme longue et intense. C'est la variété de charbon qui sert particulièrement à la fabrication du coke.

On sait que ces trois séries de couches sont comprises dans un bassin de calcaire, allongé en forme de bateau, et qu'elles s'enveloppent successivement. Il en résulte que le charbon gras ne se rencontre guère qu'au centre du bassin, c'est-à-dire sur la rive droite de la Meuse, depuis le village d'Yvoz jusqu'au-dessous d'Ougrée.

Nous avons dit que l'extension de notre industrie charbonnière date de 1830. A cette époque, l'extraction s'élevait dans la province de Liége à 455,000 tonneaux, et ne formait que le cinquième environ de la production totale de la Belgique. Cette production s'évalue aujourd'hui à environ 2,000,000 de tonneaux, c'est-à-dire qu'elle est plus que quadruplée.

Nous n'avons pas à examiner ici en détail toutes les améliorations dont furent l'objet les diverses parties de nos exploitations. Nous en signalerons cependant quelques-unes.

La plus importante fut, sans contredit, l'emploi de la vapeur à l'extraction. Depuis longtemps déjà le Pays de Liége possédait des machines de Newcommen pour l'assèchement des mines.

L'établissement de la première machine d'extraction que l'on vit dans la province de Liége date de 1840. Ce fut M. Orban qui la fit construire par les frères Perier pour la houillère de la Plomterie,

au faubourg Ste-Walburge. Depuis lors, l'emploi de la vapeur s'est tout-à-fait généralisé. Nos machines d'extraction ont pris des dimensions successivement croissantes, réclamées, d'une part, par l'augmentation des produits, et, d'autre part, par la profondeur de l'exploitation. Cependant, à cet égard, nous devons avouer notre infériorité vis-à-vis du Hainaut, qui possède des moteurs de la force de 150 à 200 chevaux, pouvant extraire chaque jour trois à quatre mille hectolitres de charbon à la profondeur de 500^{m}. Telles sont la machine du Hornu et celles de la plupart des grandes exploitations du Borinage et de Charleroi.

Le machines d'exhaure ont aussi réalisé des perfectionnements nombreux et importants. L'appareil de Watt a été d'abord substitué aux machines atmosphériques de Newcommen. Nous possédons encore quelques beaux exemples de machines de Cornouailles, où l'on augmente la pression initiale de la vapeur, tout en lui ménageant une forte détente. Enfin, plus récemment, nous avons vu s'établir des machines à traction directe, dont la simplicité des mécanismes et l'économie des frais d'établissement compensent, et au-delà, un léger accroissement dans la consommation de combustible.

Le guidonnage des puits, l'emploi des cages à plusieurs chariots, des câbles en fil de fer, sont encore autant de perfectionnements qui ont permis d'activer l'extraction.

Le système d'exploitation a reçu lui-même des modifications qui se prêtent avec avantage au développement libre et régulier des travaux. La méthode aujourd'hui usitée consiste à enlever le charbon par massifs pris successivement en descendant. Ce système a permis la marche constamment ascensionnelle du courant d'air qui parcourt la mine. Il a facilité de beaucoup le transport des produits, en même temps qu'il plaçait les mineurs à l'abri des exhalaisons nuisibles émanées d'anciens travaux.

L'abatage de la houille a été pratiqué par grandes tailles contiguës, et les bénéfices de l'exploitation se sont accrus de tout le charbon autrefois abandonné comme piliers de soutènement.

L'emploi des voies perfectionnées de transport et du traînage par chevaux, dans l'intérieur de la mine, sont encore autant d'améliorations dont l'initiative revient à M. Orban, et qui ont exercé sur le prix de revient des charbons la plus heureuse influence.

Enfin les périls de l'exploitation se sont trouvés singulièrement atténués par l'emploi des lampes de Davy et de Mueseler, et des appareils puissants de ventilation. Ils le seront encore bien davantage dès que l'usage des machines à descendre se sera généralisé.

Les pompes pneumatiques de MM. Fabry et Lemielle, les ventilateurs de MM. Lesoinne et Letoret, enfin, quelques machines à cloche, ont remplacé les anciens foyers d'aérage, dont les effets n'étaient plus en rapport avec les développements de nos exploitations, et dont, au surplus, l'établissement dans les mines était une cause permanente de dangers.

Tous ces perfectionnements ont surgi dans l'espace de 30 ans à peine. Ils ont placé notre industrie charbonnière dans une situation qui en assure la prospérité. Aucune concurrence étrangère n'est pour nous à redouter, du moins sur tous les points où des voies perfectionnées de transport donnent un accès économique et facile à nos produits.

La période de 1830 à 1833 fut pour l'industrie charbonnière, comme pour toutes les autres, une époque de grande détresse. A partir de cette date jusqu'en 1838, elle partagea les prospérités de la sidérurgie. Comme elle ne sut pas se contenir dans de justes mesures, le salaire des ouvriers augmenta subitement du simple au double; la production des charbons fut exagérée, et les prix en devinrent exorbitants. Mais cet état de choses suscita une violente réaction. Durant la période de 1836 à 1839, la production avait augmenté de 627,916 à 755,752 tonneaux, tandis que la valeur croissait plus rapidement encore que la production. Mais, de 1838 à 1844, cette production continuant à croître d'une manière sensible, il n'en résulta dans la valeur créée qu'une diminution progressive. Ce fait résultait de l'avilissement des prix de vente. Les charbons, qui, en 1838, se cotaient 14 fr., ne valaient plus en 1843 qu'environ 8 fr. en moyenne.

Nous avons dressé, d'après des documents officiels, le tableau ci-après, qui résume, pendant une période de 20 années, le mouvement de l'industrie charbonnière de notre province.

ANNÉES.	SIÉGES EN ACTIVITÉ	OUVRIERS.	PRODUCTION : TONN.	VALEUR : FR.
1836	92	7,375	627,916	»
1837	104	9,345	666,729	»
1838	103	10,648	740,408	»
1839	110	11,089	730,752	9,952,232
1840	109	10,548	855,125	9,205,254
1841	101	10,241	955,853	8,952,551
1842	103	10,788	946,902	8,621,649
1843	102	9,358	966,305	7,846,763
1844	92	9,661	1,019,608	8,175,335
1845	95	10,955	1,086,045	9,575,880
1846	102	12,681	1,078,380	10,579,375
1847	104	13,971	1,303,905	13,155,464
1848	100	12,275	1,030,170	9,041,221
1849	101	11,671	1,063,433	8,000,088
1850	100	11,799	1,222,225	8,117,994
1851	75	12,615	1,299,099	9,291,225
1852	74	12,591	1,377,916	9,901,443
1853	73	13,339	1,503,275	13,540,501
1854	75	13,313	1,582,590	17,706,850
1855	76	17,225	1,720,053	19,683,045

Nous empruntons à l'Annuaire de l'industrie quelques faits assez curieux.

Dans l'espace de 20 années, c'est-à-dire de 1835 à 1855, la production a triplé : de 591,931 tonneaux, elle est montée à 1,720,053. La valeur de cette production a à peu près quadruplé : de 5,061,891 fr., elle est parvenue à 19,683,045.

Une grande progression se remarque encore dans la production par siége en activité. De 6,804 tonneaux qu'elle était en 1835, elle s'est élevée à 11,432 en 1845 et à 18,696 en 1855. Ainsi la production a pu devenir trois fois plus forte, la valeur quadrupler sans accroissement du nombre des siéges d'extraction. Pour obtenir un résultat si favorable, il n'a pas été nécessaire de tripler le nombre des ouvriers; car il était de 6,927 en 1835; de 10,955 en 1845, et de 17,223 en 1855. Pour arriver au triple en 1855, il aurait dû atteindre le chiffre de 20,781; il y a donc une économie de 3,548 ouvriers.

De 1835 à 1845, 6 machines à vapeur d'épuisement, développant une force de 834 chevaux seulement, ont été établies; tandis que, de 1845 à 1855, 10 nouvelles machines d'exhaure, d'une puissance collective de 2,685 chevaux, ont été construites.

Une observation digne d'intérêt, c'est que le salaire de l'ouvrier mineur, qui n'était en moyenne que de 415 fr. en 1835 et de 517 fr. en 1845, s'est élevé à 630 fr. en 1855. Il a donc augmenté de plus de moitié dans l'espace de vingt ans.

CHAPITRE XX

Fabrication du coke.

SOMMAIRE. — PREMIERS FOURS A COKE DE SERAING. — CANAUX D'ASSÉ-CHEMENT. — UTILISATION DES FLAMMES PERDUES. — DÉFOURNEMENT MÉCANIQUE. — SÔLES CHAUFFÉES. — FOURS A INTRODUCTION D'AIR.

C'est sous forme de coke que se consomme la plus grande partie du charbon réclamé par la sidérurgie. Aussi la fabrication du coke a-t-elle acquis un très-haut degré d'importance et se rattache-t-elle tout naturellement à notre sujet.

Nous avons déjà eu occasion de dire quelques mots des premiers fours à coke construits à l'établissement de Seraing. Ces fours présentaient pour section une ellipse raccordée avec les deux portes situées aux extrémités de son grand axe. Ils se trouvaient donc sous ce rapport dans d'assez bonnes conditions; mais ils présentaient, d'autre part, un défaut capital : celui de reposer sur une maçonnerie pleine et d'absorber ainsi l'humidité du sol. Il s'ensuivait qu'à l'époque des grandes pluies, cette humidité s'élevait dans le massif du four, et devenait une cause permanente d'irrégularités et de mécomptes.

De nouveaux fours à coke furent construits à Seraing en 1836. Ils furent établis sur les mêmes dessins que les précédents; seulement on eut soin de porter remède à l'inconvénient signalé, en ménageant à la base de chaque four des canaux d'asséchement.

7

L'application de l'idée qui consiste à utiliser les flammes perdues des fours à coke au chauffage des chaudières fut faite pour la première fois à l'usine de Seraing dans le courant de l'année 1845.

On avait craint d'abord de nuire par cette innovation à l'allure des fours à coke. Il n'en fut rien cependant ; on remarqua, au contraire, plus de régularité dans la marche de ces appareils. C'était du reste la conséquence naturelle de cette nouvelle disposition ; la maçonnerie qui surmontait le massif du four devait le soustraire plus complètement à l'action du rayonnement extérieur et des variations atmosphériques.

Cette amélioration constitue, avec l'emploi des flammes perdues des hauts-fourneaux, l'un des chapitres les plus importants d'un art qui de nos jours a fait de grands progrès : l'économie du combustible. Grâce à ces perfectionnements réunis, les souffleries des hauts-fourneaux sont activées sans dépense, et sans être, comme autrefois, tributaires des cours d'eau.

Pour donner une idée de l'importance de ces modifications, il suffira de dire que, par le seul fait de l'utilisation des flammes perdues de ses fours à coke, l'établissement de Seraing réalise annuellement une économie évaluée à 65,000 fr.

Jusqu'en 1851, le défournement du coke se pratiqua exclusivement à la main. C'était une opération lente et pénible. Elle exténuait l'ouvrier et occasionnait un déchet de 4 à 5 % de coke brisé par le crochet du calcineur. A cette époque, on inventa le défournement mécanique, qui substitua à l'ancien procédé l'action rapide et régulière de la vapeur. Par suite de cette innovation, le prix de la main-d'œuvre subit immédiatement une réduction de fr. 0-28 à 0-22 par mètre cube de coke défourné.

Mais le perfectionnement le plus important résulta de l'invention des fours à sole et à parois chauffées. Déjà, en 1837, Walker avait obtenu en Angleterre un brevet pour un four à coke de ce système. Cette heureuse innovation ne s'introduisit à Seraing qu'en 1856. Indépendamment de la diminution de déchet qu'il entraîne, ce procédé offre l'avantage d'isoler complètement le combustible du milieu ambiant, en l'entourant, sans dépense, d'une enveloppe constamment chaude. Nous n'entrerons pas dans le détail de tous les fours dont la construction procède de ce principe : plusieurs systèmes ont été présentés, et tous ont offert à un degré plus ou moins élevé des avantages qui se résument dans la régularité de l'allure, la concentration de la chaleur et la diminution du déchet.

A côté de tant d'améliorations réalisées, nous devons en indiquer une dont nous ne connaissons pas encore d'application dans le Pays de Liége. Nous voulons parler des fours dits à introduction d'air.

On sait, en effet, que la fermeture des fours ordinaires n'est jamais hermétique; que l'on est forcé de ménager l'introduction d'une certaine quantité d'air qui pénètre par la porte du four, traverse le charbon et le brûle en pure perte.

Dans les nouveaux fours, au contraire, la fermeture est rendue aussi hermétique que possible à l'aide d'une double porte; l'air n'est introduit que dans les gargouilles que parcourent la flamme; de sorte qu'il s'opère sans déchet une véritable distillation en vase clos.

Le premier brevet de l'espèce a été pris en Angleterre en 1837.

L'inventeur ne réussit point dans ses essais. Plus tard, M. Brunfaut s'empara de cette idée, l'importa en France et en Belgique, et ne fut pas plus heureux. Son système était vicieux en ce que l'introduction de l'air se faisait par de larges orifices. Les gaz étaient balayés dans les canaux au lieu d'y être brûlés.

Enfin, en 1844, M. Dulait, de Charleroi, se fit connaître par l'invention d'un four à coke d'un nouveau genre. Il introduisit l'air en filets minces dans l'intérieur des canaux. A cet effet, il les fit déboucher sur le devant du four, où il les ferma à l'aide d'une brique présentant, suivant son axe, un creux cylindrique. Cet orifice reçoit un tampon conique sur le pourtour duquel l'air est, pour ainsi dire, laminé en couches de faible épaisseur.

Ces fours ont parfaitement réussi. L'arrondissement de Charleroi en possède un grand nombre. Espérons que le Pays de Liége ne tardera pas à en faire l'essai, et qu'une découverte utile ne restera pas longtemps à nos portes.

CHAPITRE XXI

Lavage de la houille.

SOMMAIRE. — NÉCESSITÉ DE CETTE OPÉRATION. — APPAREIL MEYNIER, APPAREIL BÉRARD. — COMBUSTIBLES AGGLOMÉRÉS.

Pendant longtemps, la fabrication du coke se pratiqua exclusivement à l'aide du charbon gailleteux. La carbonisation de la houille menue avait paru offrir de très-sérieuses difficultés. Elle n'était que trop souvent mélangée de schiste et de parties terreuses qu'il était impossible d'en séparer.

Dans ces dernières années, M. Delvaux de Fenffe, en important d'Allemagne en Belgique un procédé de préparation mécanique qui permet l'épuration du charbon, a rendu un véritable service à la sidérurgie.

La séparation du schiste et du charbon repose sur la différence de leur poids spécifique. Elle s'effectua d'abord par l'intermédiaire de l'eau dans les machines à piston.

Le succès de cette innovation fut complet. La houille grasse menue, qui se vendait à vil prix comme charbon de chaufferie, épurée par le lavage, agglutinée par la carbonisation, fournit un coke moins boursouflé et plus homogène que celui qui résultait autrefois du traitement des houilles de premier choix.

Les industriels de notre province ne tardèrent pas à se pénétrer de ces avantages, et le lavage de la houille fut pratiqué dans toutes nos usines.

Il y prit tant d'extension que les tamis à pistons se sont trouvés insuffisants. Ils entraînaient, en effet, une assez forte dépense de main-d'œuvre, et forçaient à chaque instant de suspendre l'opération pour l'enlèvement du charbon et du schiste.

Ces inconvénients ont suggéré à M. Meynier l'idée d'un appareil continu des plus ingénieux. Mû par une machine à vapeur, cet appareil fonctionne à peu de frais et permet de recueillir dans des bassins de dépôt les parties les plus ténues de charbon. La continuité de l'opération résulte de l'emploi d'un courant d'eau qui expulse à chaque instant les fragments de houille, et qui permet de ne suspendre l'opération que pour l'enlèvement du dépôt schisteux qui s'amasse au fond du tamis.

M. Bérard est allé plus loin dans cet ordre d'idées. Son appareil n'offre d'intermittence dans aucune de ses parties: schistes et charbons sont entraînés et séparés par le même courant d'eau. Sous un autre point de vue, son appareil réalise une amélioration sensible. M. Bérard s'est préoccupé de l'idée d'obtenir un coke parfaitement homogène. Il y est parvenu en annexant à ses tamis un appareil broyeur. Par ce moyen, tout le charbon est converti en menu; le mélange des diverses parties est complet, et le coke se présente sous un aspect uniforme dans tous les points de sa masse.

Nous voudrions parler encore de la fabrication des combustibles agglomérés, qui a pris tant d'extension dans les environs de Charleroi, et qui serait si importante pour l'utilisation de nos charbons maigres ; mais nous nous laisserions entraîner par notre sujet.

CHAPITRE XXII

Exploitations de minerais de fer.

SOMMAIRE. — MINERAIS DE FER DE LA PROVINCE DE LIÉGE. — MINES DE LA MEUSE, DU CONDROZ, DE LA VESDRE, DE L'OURTHE. — MINERAIS DE LA CAMPINE. — DES OLIGISTES. — CAUSE DE LA CHERTÉ DES MINERAIS. — SITUATION DÉFAVORABLE DE NOS USINES.

La province de Liége est riche en mines de fer, moins riche cependant que le Pays de Namur, où elle est forcée de compléter ses approvisionnements.

La plupart de nos gisements ferrugineux fournissent des minerais appartenant à la catégorie des hydrates. Ils se présentent parfois sous forme de filons ou de couches d'épaisseur variable, le plus souvent sous l'aspect d'amas couchés superficiels, à la jonction des quarzo-schistes et des calcaires qui composent le terrain antraxifère. La diversité de leurs gisements, c'est-à-dire de leurs formations géologiques, explique assez la variété infinie que ces minerais présentent.

La plupart des minières des bords de la Meuse fournissent des fers tendres ou métis. Les minerais de la rive droite paraissent en général de meilleure qualité que ceux que l'on extrait sur la rive opposée.

Les minerais de fer fort tendent à devenir de plus en plus rares. Ce n'est qu'au prix des plus grands sacrifices que nos maîtres de forges parviennent à s'en procurer. Cette circonstance explique la répugnance avec laquelle ils se livrent à la fabrication des fers forts, et cela avec d'autant plus de raison, qu'en Allemagne comme en Belgique la différence des prix de vente des fontes de fer fort et de celles de fer tendre n'est nullement en rapport avec la différence du prix de revient de ces deux qualités.

Nous allons passer rapidement en revue les exploitations de notre province.

Sur les bords de la Meuse, nous rencontrons d'abord à Huccorgne, Lavoir et Longprez, le prolongement de l'amas de minerais siliceux de Vesin.

C'est sur ce gisement que les Sociétés d'Ougrée et de Seraing ont établi dans ces trois localités des exploitations de minerais oxydés granuleux. Quoique appartenant à une même formation, les minerais se modifient dans ces diverses minières. Tandis que ceux de Longprez, connus sous le nom de *Huccorgne*, offrent une couleur jaunâtre, ceux de Lavoir passent au rouge, prennent une texture oolitique, et se désignent en général sous le nom de *Mélottes*.

La Société de Sclessin exploite à Couthuin une couche de mine rouge et des filons d'hydrate jaune. Ces minerais sont connus sous les désignations de Houquinette, Fond-de-Jottée, Mallieu. Le premier est très-pur; le second plombifère et pyriteux; le dernier est calaminaire et difficile à fondre.

Les mines rouges n'exigent en général que peu de lavages et donnent de très-bons fers métis.

Dans le Condroz, d'autres gisements moins abondants se rencontrent à Nandrin, Ellemelle et Seny. Les difficultés du transport les rendent d'ailleurs d'une exploitation peu avantageuse.

Les minières de la Vesdre comprennent trois groupes: ce sont ceux de Chaudfontaine, de Theux et de Verviers.

Le premier comprend les exploitations d'Angleur, de La Rochette, Vaux-sous-Chèvremont, Forêt et Fraipont. Près de ces localités, les amas sont limités par le système quarzo-schisteux inférieur du terrain antraxifère. Mais, à partir de Kinkempois, le terrain houiller n'est plus terminé exclusivement par les quarzo-schistes. La direction y subit en même temps des variations nombreuses. Là, les substances ferrugineuses sont intercalées, entre des roches calcareuses et dolomitiques, sous forme d'amas d'épaisseur variable reliés généralement entre eux par des couches de quelques centimètres de puissance.

L'exploitation du minerai d'Angleur paraît très-ancienne. Ainsi, sur l'Ourthe, au hameau de la Houte, existe l'œil d'une galerie d'écoulement, connue sous le nom de Trou-Paulus, qui fut pratiquée autrefois par les propriétaires du château de Colonster en recherche de minerais de fer et de plomb. Cette galerie et d'autres qui y ont été pratiquées récemment par les Sociétés d'Ougrée et de Seraing servent à l'assèchement des exploitations.

Cet amas n'est pas homogène dans toute son épaisseur. Les lits inférieurs présentent, au contact du terrain houiller qui leur sert de mur, des minerais carbonatés; le toit du gîte est formé par des roches dolomitiques altérées, au contact desquelles le minerai passe à l'hydrate et s'associe à la pyrite et à la galène.

On ne peut douter que les différentes variétés de minerais que présente cet amas ne résultent de l'altération d'un amas de pyrite blanche, telle que l'on en retrouve encore à sa base. A la partie supérieure, le minerai s'est oxydé au contact de l'air, et présente une couleur qui varie du jaune au rouge; cette couleur passe au verdâtre pour les minerais carbonatés; enfin, en dessous du niveau des eaux se rencontre la pyrite blanche inaltérée.

Tous ces minerais sont zincifères et s'emploient avec avantage dans les mélanges. Ils fournissent des fontes d'une force extraordinaire. Le carbonate vert et l'hydrate jaune servent à garnir les sôles des fours à puddler.

On a attribué à la présence du zinc les bonnes qualités de ces minerais. On sait, en effet, que le zinc augmente la ténacité des fontes et rend le fer plus nerveux. C'est ainsi que l'on a constaté en Angleterre que des fers médiocres acquièrent beaucoup de nerf quand on les forge après les avoir plongés dans un bain de zinc fondu.

Le minerai oxydé contient 64 % de péroxyde de fer et 15 % d'oxyde de zinc. Le carbonate rend 47 % d'oxyde à l'analyse.

A La Rochette se trouvent une couche et un filon dont on extrait des minerais assez semblables à ceux d'Angleur. Ils donnent une excellente fonte fer fort, mais sont très-réfractaires à cause de la présence du silicate de zinc.

D'autres exploitations moins importantes sont établies à Vaux-sous-Chèvremont, Forêt et Fraipont.

Le bassin de Theux fournit, grâce à la facilité et à l'économie des transports, une forte part des minerais consommés dans les environs de Liége. Les exploitations sont établies à Hodbeaumont, Oneux, Pouillon-Fourneau et Theux.

Les mines de Hodbeaumont appartiennent à la catégorie des hématites brunes. Les minerais sont de qualité supérieure et se rencontrent en amas dans les cavités du calcaire.

Les minerais d'Oneux constituent un amas puissant compris

entre le schiste rouge et la dolomie; celui de Theux se rencontre entre le schiste et le calcaire.

Les Sociétés de l'Espérance et Cockerill exploitent à Hodbeaumont, Jaroumont, Oneux; celles d'Ougrée et de Sclessin à Pouillon-Fourneau.

On trouve dans l'arrondissement de Verviers, à Houthem et Heygen, des couches et des amas d'un minerai zincifère de bonne qualité. Seraing et l'Espérance y possèdent quelques exploitations.

Les minerais de l'Ourthe comprennent d'abord les exploitations de Dolembreux, Bois-le-Comte et Sprimont.

Les deux premières appartiennent à la Société d'Ougrée. Ce qui en rend l'extraction difficile, c'est que l'amas se trouve à chaque instant barré par des quartzo-schistes, et qu'au surplus le minerai est recouvert de morts-terrains.

Le minerai de Dolembreux est géodique; sa teneur en métal est de 40 %. Il donne un excellent fer fort, et sert à améliorer la qualité des fontes fournies par des minerais médiocres.

On remarque encore à Baugnie, près d'Esneux, un amas de minerai très-riche, très-pur et manganésifère. Il est exploité par la Société d'Ougrée.

Enfin, nous signalerons encore le groupe d'Ayvaille, comprenant un vaste amas de fer hydraté intercalé entre le schiste et le calcaire. Les exploitations les plus importantes sont celles de Piromboeuf, Xhoris, Harzé, Sécheval, Hazoumont, Deigné. Elles fournissent un hydrate brun semblable à celui de Dolembreux.

Les minières de Comblain-la-Tour et de Cheras donnent un minerai jaune plombifère; celles de Dalemont, Hody, Monty, Faucomont et Limon, fournissent l'un des minerais les plus riches du pays. Leur teneur varie entre 30 et 39 %.

La plupart des usines de la province de Liége ont cherché à se rapprocher du centre de la production houillère, car il est de principe que le transport du minerai se fait avec moins de déchet et de dépense que celle du combustible. Malheureusement les exploitations les plus importantes sont situées dans le Condroz, et occupent la partie méridionale de la province. De là, des transports onéreux pour parvenir aux rivières navigables, et encore les expéditions n'y sont-elles possibles que pendant quelques mois de l'année.

Depuis quelques années, le Pays de Liége reçoit encore de fortes quantités de minerais provenant des terrains tertiaires ou fluviaux marins de la Campine. Suivant M. Valérius, ils offrent à petite dose tous les avantages qui font rechercher les minerais de fer tendre. Ils augmentent la fusibilité des autres minerais, la richesse du lit de fusion et la production journalière ; corrigent la sécheresse du minerai de fer fort, et donnent des fontes qui, à l'affinage, procurent des fers souples sous les laminoirs et supportent bien des chaudes répétées sans subir trop de déchet.

Ils paraissent encore diminuer la consommation de combustible, et on leur attribue la supériorité dont jouissent à cet égard les fourneaux de Charleroi.

La rareté et le renchérissement toujours croissant des minerais hydratés ont fait rechercher et découvrir, dans ces dernières années, les moyens de traiter les minerais oligistes.

On sait que les minerais de fer se vendent en général à la cense brute ou lavée, sans que l'on ait égard en aucune façon à leur teneur en métal.

Les prix de vente des différentes espèces de minerais sont très-variables ; les éléments qui leur servent de base sont essentiellement les frais d'extraction, de débourbage et de transport.

C'est ainsi que les minerais oligistes, dont la teneur en métal est bien supérieure à celle des hydrates, ne se vendent guère que quelques francs de plus à la cense.

Il en résulte que, si l'on n'a égard qu'au minerai, la fonte provenant des oligistes coûte beaucoup moins que celle provenant des minerais hydratés ; de telle sorte qu'une fonte dont le prix de revient s'élève aujourd'hui à 8 fr. le quintal métrique se produirait moyennant 5 ou 6 fr. à l'aide des minerais oligistes.

On conçoit dès lors l'empressement avec lequel les maîtres de forges recherchent les moyens d'augmenter autant que faire se peut, dans les mélanges, la proportion de fer oligiste.

La plupart des établissements de la province de Liége ont cherché à obtenir des concessions de ce minerai. Presque tous en possèdent d'importantes, notamment à Vesin, à Isne-le-Sauvage, à Ville-en-Waret, et à Warlet-lez-Marche-les-Dames.

La régularité des gisements a permis de donner aux travaux de grandes extensions. L'exploitation s'y opère par tailles de 20 à 25^m de hauteur ; le transport, dans l'intérieur de la mine, se pratique à l'aide de chariots circulant sur des voies ferrées et traînés par des chevaux. Des machines à vapeur sont employées à l'extraction du minerai et à l'épuisement des eaux. Grâce à ces moyens, l'extraction a pu être poussée annuellement, dans plusieurs puits, au chiffre de 10 à 1100 tonneaux.

L'irrégularité d'allure qu'affectent les amas de minerais hydratés n'a pas permis l'établissement d'exploitations aussi vastes et, partant, aussi économiques. L'extraction et l'épuisement se pratiquent généralement à bras d'hommes, et entrent pour une large part dans le prix de revient des produits.

Au surplus, ce qui tend à conserver ce système, c'est le morcellement infini de la propriété superficielle. La plupart des propriétaires exigent que l'extraction s'opère sur leur terrain, et multiplient ainsi, au détriment des maîtres de forges, les frais de percement des puits et des galeries.

Enfin, une dernière cause du renchérissement des minerais hydratés, c'est la redevance que perçoivent, depuis 1830, les propriétaires de la surface. Trop souvent on les a vus élever à cet égard des prétentions que la concurrence ne parvenait pas toujours à maintenir dans les limites de la justice et de la raison.

Nous fournissons ci-dessous, d'après les publications officielles, quelques renseignements sur les exploitations de minerais de fer de la province de Liége.

ANNÉES.	PRODUCTION : TONNEAUX.	VALEUR : FR.
1836	68,049	
1837	87,883	
1838	71,347	
1839	43,846	499,526
1840	27,298	279,181
1841	22,666	222,181
1842	19,101	173,953
1843	20,794	196,760
1844	51,286	178,978
1845	60,269	575,270
1846	126,664	1,284,080
1847	113,511	957,749
1848	43,303	412,268
1849	26,579	252,530
1850	28,121	241,559
1851	47,257	280,751
1852	77,682	493,098
1853	106,790	740,720
1854	157,002	1,007,105

CHAPITRE XXIII

Hauts-Fourneaux.

SOMMAIRE. — ÉTAT COMMERCIAL DE LA FABRICATION DE LA FONTE DEPUIS 1830. — SITUATION ACTUELLE. — PROGRÈS ACCOMPLIS. — DIFFUSION DU SAVOIR INDUSTRIEL. — PERFECTIONNEMENTS DANS LA CONSTRUCTION DES HAUTS-FOURNEAUX ET DES SOUFFLERIES. — EMPLOI DE L'AIR CHAUD. — DES FLAMMES PERDUES. — TRAITEMENT DES OLIGISTES.

Avant 1830, la province de Liége ne possédait qu'un haut-fourneau marchant au coke : celui de Seraing. A cette époque, les 100 kil. de fonte de bonne qualité valaient 20 fr. Les hauts-fourneaux au coke marchaient avec avantage, tandis que les fourneaux au charbon de bois purent subsister malgré les difficultés de leur position. Après la révolution, il y eut souffrance extrême chez les maîtres de forges. Le fer se vendit à vil prix, et la première qualité de fonte descendit à 11 ou 12 fr. Les fourneaux au coke couvraient à peine leurs dépenses ; ceux au bois travaillaient à perte, et la plupart durent éteindre.

L'année 1833 vit s'ouvrir une nouvelle période. Nos fontes trouvèrent des débouchés vers la France et l'Allemagne, en même temps que la construction de nos chemins de fer offrait un vaste débouché intérieur. Dès lors, les meilleurs esprits ne résistèrent pas à l'entraînement, à l'engoûment universel. Partout s'élevèrent des hauts-fourneaux. Dans l'espace de cinq années, c'est-à-dire pendant la période de 1833 à 1839, on en construisit 13 dans notre province, et cela au milieu des circonstances les plus défavorables eu égard aux prix des matériaux et de la main-d'œuvre. Jamais les temps n'avaient semblé meilleurs. On se disputa les minerais, le prix du charbon augmenta de 30 %, le salaire des ouvriers s'éleva à des taux jusqu'alors sans précédents; les fortes fontes renchérirent de 40 %. Mais cette situation préparait bien des catastrophes et bien des mécomptes.

Bientôt surgit, en effet, la crise de 1839. La fonte anglaise inonda nos marchés; la réduction des prix fut instantanée, et tout aussi peu raisonnable que la hausse des années antérieures était exagérée.

Il suffit, pour se pénétrer de la situation, de jeter un coup d'œil
sur le mouvement des importations et des exportations des fers en
Belgique pendant la période dont il s'agit.

ANNÉES.	IMPORTATIONS : KILOG.	EXPORTATIONS : KILOG.
1831	310,617	19,186
1832	270,607	16,663
1833	769,530	33,488
1834	504,670	36,648
1835	544,649	26,462
1836	711,985	14,797
1837	603,711	19,857
1838	798,029	23,789

Sur 15 hauts-fourneaux qui existaient dans la province de Liége
en 1838, il n'en resta que 6 en activité en 1839; et la construction
de 8 autres, déjà commencée, fut immédiatement abandonnée. La
fonte de moulage descendit de 22 fr. à 16 fr. Les gros bénéfices
disparurent; il fallut travailler à bas prix et soutenir contre la concurrence anglaise une lutte désespérée.

La situation s'améliora lentement; les affaires reprirent peu à
peu leur cours. En 1844, il y eut vers l'Allemagne un grand
écoulement de fontes réclamé par la construction de plusieurs
chemins de fer. On apprécia la supériorité de la fonte liégeoise sur
la fonte écossaise pour la fabrication des rails ; notre position nous
mettait d'ailleurs à même de concourir avantageusement avec
Charleroi. Pendant cette période, nous voyons s'augmenter progressivement le nombre de nos hauts-fourneaux. De 1844 à 1847,
ce nombre fut successivement de 10, 13, 15 et 17; tandis que la
production augmenta de 55,162 tonneaux à 79,833 tonneaux, et que
les prix s'élevèrent de 94 à 122 fr. par tonne métrique.

Pendant cette période, voici quel fut, à l'usine de Seraing, le prix
de revient des fontes :

ANNÉES.	AFFINAGE.	MOULAGE.	MOYENNE.
Du 1er avril 1842 au 30 juin 1843	74.15	»	»
Du 1er juillet 1843 — 1844	64.30	80.00	66.38
— 1844 — 1845	65.00	84.00	68.46
— 1845 — 1846	72.40	96.00	77.44

Voici comment se décompose ce prix de revient pendant la même période. On n'a tenu compte ni de l'amortissement ni de l'intérêt du capital.

DÉSIGNATION DES MATIÈRES.	1843	1844	1845	1846
Coke . . . , . . .	27.83	25.53	26.47	34,45
Charbon, fraisils . . .	0.62	1.05	0.99	1.24
Castine	1.35	1.17	1.51	1.76
Minerai	25.31	33.46	27.79	27.75
Main-d'œuvre	8.97	8.03 1/2	6.34	6.37
Soufflerie	7.51	5.73	4.12	4.13
Frais divers.	2.58	1.39	1.24	1.72
Total. . . .	75.15	66.36 1/2	68.46	77.44

La crise politique de 1848 ramena les complications et les difficultés de 1839. On éteignit, pendant le cours de cette année, 9 hauts-fourneaux dans la province de Liége, et la fonte tomba de 114 fr. à 85 fr. la tonne métrique. Cependant, cette fois, grâce à la prudence, à l'expérience acquise, nos établissements surmontèrent la situation. Au surplus, la fonderie de canons, qui consomma à cette époque de grandes quantités de fonte, procura, au milieu de cette détresse, un débouché important à nos usines.

Enfin, en 1850, des exportations en fers et en fontes s'établirent vers le Zollverein. Malheureusement il y eut peu de variations dans les prix, à cause de la concurrence que les Belges se firent à l'étranger. Nos produits se rencontrèrent cette fois en concurrence avec ceux de Charleroi, qui ne trouvaient plus d'écoulement vers la France.

L'année 1853 fut marquée par un nouvel élan industriel, par une reprise générale des affaires. Tous nos hauts-fourneaux furent mis à feu, et l'on n'en compta pas moins de 22 en activité dans notre province. Cette situation se prolongea jusqu'à l'époque où vinrent à surgir les complications politiques qui nous préoccupent encore aujourd'hui.

Tous ces faits sont résumés dans le tableau que nous donnons ci-après.

ANNÉES.	USINES.	HAUTS-FOURNEAUX		OUVRIERS.	PRO-DUCTION : TONN.	PRIX : FR.	VALEUR : FR.
		ACTIFS.	INACTIFS.				
1845	13	13	5	1,193	55,162	94 »	5,207,555
1846	12	15	4	1,469	57,572	122 »	7,246,242
1847	12	17	6	1,260	79,855	114 »	9,524,172
1848	13	8	15	1,308	58,999	91 »	5,525,792
1849	13	8	17	1,500	54,163	84 »	4,620,264
1850	12	11	14	1,450	68,848	77 58	5,089,440
1851	12	13	12	1,616	76,104	76 88	5,931,436
1852	16	14	11	1,620	76,909	75 04	5,981,537
1853	12	20	6	1,627	89,597	85 29	7,642,678
1854	12	22	4	2,154	110,034	103 27	11,385,060
1855	12	20	6	1,802	112,296	107 58	12,058,997

Nous extrayons du Rapport de notre Chambre de commerce pour l'année 1858 les lignes suivantes, qui apprécient notre situation :

« Les dépenses de la guerre d'Orient, la diffusion du capital par » les emprunts de France et d'Espagne, ont retardé, pour l'industrie » sidérurgique, les résultats que l'on attendait de la conclusion de » la paix. La crise monétaire des derniers mois a ramené les prix » aux taux les moins favorables de 1855. La Hollande s'est appro- » visionnée en Angleterre, où les prix étaient plus avantageux. » Enfin la clouterie, que des salaires élevés ont compromise, nous » a demandé cette année moins de fer que les années précédentes. »

Depuis 1830, la Belgique a fait en sidérurgie un pas de géant. Le progrès s'est surtout manifesté par la diffusion du savoir indus- triel jusque dans les dernières classes des travailleurs. Jamais peut-être une nation n'a révélé tout-à-coup autant d'aptitudes industrielles. En quelques années, nous avons vu se former de toutes parts des phalanges d'artisans habiles et expérimentés. Ils ont appris à construire les hauts-fourneaux, à apprécier la qualité du minerai et du combustible, et cela avec un discernement si délicat, une sagacité si merveilleuse, qu'ils n'ont plus rien à envier aujourd'hui aux artisans de l'Angleterre.

Nous devons encore à l'enseignement industriel, qui s'est développé avec tant de succès en Belgique, une foule d'habiles contre-maîtres qui réunissent à une grande expérience quelques principes rudimentaires, quelques clartés scientifiques.

Ce sont eux qui communiquent à nos populations ouvrières leur activité, leur élan, et qui servent en quelque sorte de liaison entre la tête qui conduit et le bras qui travaille.

Enfin, dans la sphère la plus élevée du travail, nous signalerons les ingénieurs de notre École des mines, préparés par de longues et laborieuses études à toutes les branches de l'industrie. Ici, nous manquerions aux devoirs de la reconnaissance, et nous laisserions une lacune inexcusable dans notre œuvre, si nous oubliions de mentionner, à côté des progrès de la sidérurgie, le nom d'un savant professeur que la mort nous a aujourd'hui enlevé, mais dont les enseignements portent encore tous les jours leurs fruits dans nos usines. Nous avons nommé M. Lesoinne, qui, le premier, répandit dans le Pays de Liége des connaissances rationnelles, approfondies, sur tous les chapitres de la métallurgie. C'est à ses nombreux élèves qu'est confiée aujourd'hui la direction technique ou administrative de la plupart de nos établissements.

Nous allons examiner quels furent, pendant la dernière période industrielle, les progrès réalisés dans la construction et la conduite des hauts-fourneaux.

En parlant du premier appareil qui fut établi à Seraing en 1836, nous avons signalé les défectuosités de différentes parties de son ordonnance. L'expérience acquise en cette occasion ne fut pas perdue. Dans le fourneau qui fut élevé en 1836, on conserva la hauteur primitive de 48 pieds, mais on porta la largeur du gueulard à 7 pieds. Cette modification était réclamée pour le libre dégagement des produits de la combustion, et cela avec d'autant plus de raison que les minerais du Pays de Liége étant pour la plupart zincifères, il s'opère toujours vers le couronnement de l'appareil un dépôt de cadmies qui en rétrécit continuellement la section.

La largeur du ventre fut portée de 12 à 14 pieds, tandis que le creuset lui-même reçut une section plus large et une hauteur plus grande.

Il résulta de ces modifications un accroissement considérable dans la production. Ainsi, tandis que le premier fourneau ne produisait guère que 10 tonnes de fonte par 24 heures, le second en fournit d'une manière régulière 14 en moulage et 20 en affinage.

Le fourneau construit en 1847 avait 50 pieds de hauteur; pour celui de Grivegnée et pour celui que l'on a élevé dernièrement à Seraing, cette dimension a été portée à 60 pieds sans que le creuset ait subi d'ailleurs d'augmentation sensible. Il est évident que cette grande hauteur favorise la marche des appareils, puisque la préparation du minerai par l'échauffement et la réduction se produit d'une manière plus graduée et plus complète. La production de ces hauts-fourneaux s'est élevée à 16 tonnes en moulage et à 24 tonnes en affinage. Et encore l'établissement de Seraing ne force-t-il pas sa production, ses ateliers de construction réclamant un fer de qualité supérieure qui ne se produit que par une élaboration lente.

L'usine de l'Espérance a atteint le même chiffre, et fabrique chaque jour, au moyen de 4 hauts-fourneaux, 85 tonnes de fonte.

Un fait que quelques personnes ont observé et dont d'autres contestent l'exactitude, c'est que la production des hauts-fourneaux, qui s'est augmentée graduellement jusqu'aujourd'hui avec les progrès de la sidérurgie, s'est toujours accrue au détriment de la qualité des produits. C'est là un fait qu'il faut attribuer aux exigences commerciales. Ainsi nous avons déjà signalé l'anomalie qui existe dans les prix des fontes de fer fort et celles de fer tendre. La différence de ces prix ne compense pas celle des frais de fabrication.

Le même reproche a été adressé à nos fontes de moulage. La Fonderie des canons les accuse de diminuer chaque année de ténacité. Telle a dû être, en effet, la conséquence nécessaire de l'avilissement des prix de vente. Les bonnes qualités de fontes n'obtenant plus un taux rémunérateur, nos maîtres de forges, pour économiser le combustible, chargent trop en mines et préfèrent fabriquer des produits médiocres qu'ils écoulent avec bénéfice.

Nous avons dit que les premières campagnes du fourneau primitif de Seraing ne furent que de 12 à 18 mois. Depuis lors, la construction de ces appareils a réalisé de grands progrès; des produits réfractaires de qualité supérieure ont été employés, et une conduite plus régulière de travail a prolongé de beaucoup la durée de ces campagnes. C'est ainsi que la dernière du même fourneau dura 7 ans, et qu'aujourd'hui, malgré l'emploi corrosif de l'air chaud, nous avons des exemples d'appareils qui ont fonctionné 17 ans sans réclamer de réparations importantes.

Dans le principe, on donnait aux tuyères des hauts-fourneaux une section très-étroite, et à l'air insufflé une très-forte pression, afin, disait-on, de le faire pénétrer jusqu'au centre du creuset. L'expérience a démontré les vices de cette disposition. Cette forte tension que l'on donnait au vent n'était, en effet, pas nécessaire. Si l'on admet que la section libre au gueulard ne soit que le 1/5 de la section totale, ce passage est encore infiniment plus large que l'orifice des tuyères. Au surplus, les minerais ne sont jamais à l'état pulvérulent, et l'espace libre peut être certainement évalué à 25 %.

On a donc renoncé à travailler, comme on disait, par la pression. Bien que la tension de l'air doive augmenter avec la hauteur du fourneau, la densité du coke et la largeur de l'ouvrage, on a diminué la pression du vent de 20 à 14 centimètres de mercure, en même temps que l'on donnait aux tuyères une section capable de débiter 80 à 90 mètres cubes d'air par minute. Il y a plus : on a augmenté le diamètre du cylindre soufflant et des conduits, afin de produire un grand volume d'air à une faible tension.

Un grand perfectionnement apporté à la conduite des hauts-fourneaux fut celui de l'emploi de l'air chaud, dont les premiers essais, attribués à M. Neelson, remontent à 1849, et se rapportent aux belles usines de la Clyde, en Écosse.

Les premières tentatives en Belgique eurent lieu à l'usine de Seraing dans le courant de l'année 1837. Elles signalèrent immédiatement une élévation considérable dans la température de l'ouvrage et un refroidissement prononcé dans la cuve. Il en résulta une grande activité dans la combustion vers la base du fourneau ; l'air, dépouillé de son oxygène, fut impropre à la combustion dans les régions supérieures de la cuve. Or, cette combustion s'opérait

8

en pure perte et consommait une énorme quantité de combustible. La quantité de calorique apportée par l'air chaud était encore une cause importante d'économie.

L'emploi de l'air chaud fut un puissant auxiliaire pour le traitement d'une foule de substances minérales qui n'étaient point jusqu'alors susceptibles d'élaboration. En même temps qu'il permit le traitement des minerais les plus réfractaires, il rendit possible le traitement des scories de forges et des oligistes, c'est-à-dire de substances douées d'une grande fusibilité, mais aussi très-difficilement réductibles.

La faculté de réduire notablement la quantité d'air insufflé est attribuée à l'application de l'air chaud, car la combustion s'opérant beaucoup mieux, il est certain que l'air est plus complètement brûlé. De plus, elle annule, sur la marche du fourneau, l'influence des variations atmosphériques, et ces circonstances ont une trop large part dans l'allure de cet appareil pour que l'on ne cherche pas à s'y soustraire.

Quant à la nature des produits, il a été reconnu que l'air chaud favorise la formation de fontes grises, mais on a quelquefois accusé celle-ci de manquer de ténacité. Ce défaut peut tenir à ce que la fonte est trop graphiteuse, ou à ce qu'elle renferme un excès de matières étrangères, particulièrement de silicium.

La fonte de moulage en a été cependant généralement plus estimée. Elle est plus limpide, plus chaude, et conserve mieux ses propriétés à la deuxième fusion.

Mais l'élévation de température favorise en même temps la réduction des sels terreux; le silicium et le manganèse s'allient à la fonte. Par contre, la teneur en soufre s'en trouve diminuée. En général, l'affinage est devenu plus long, ce qui doit être attribué à une plus grande fixité du carbone.

Partant de ce qu'une même quantité de combustible brûlé engendre une même quantité de fonte, on s'explique, par la rapidité de descente des charges, le surcroît de production qui est résulté de l'emploi de l'air chaud.

En résumé, cette amélioration, qui s'est aujourd'hui généralisée dans toutes nos usines, a eu pour résultat de faciliter la marche des hauts-fourneaux, d'élargir le cercle des substances minérales susceptibles d'élaboration, de réduire la consommation générale de combustible et d'augmenter la production.

Une innovation encore récente, et dont les résultats pratiques sont encore controversés, tend à s'introduire dans la plupart de nos usines. Nous voulons parler de l'utilisation des flammes perdues des hauts-fourneaux. Les opinions les plus contradictoires ont été émises à ce sujet. Pour quelques maîtres de forges, faire une prise de gaz dans un haut-fourneau, c'est supprimer toute la portion de la cuve qui s'étend au-dessus d'elle, et il en résulte, en outre, dans la marche de l'appareil, des irrégularités qui compensent et au-delà l'économie que l'on attend de cette disposition. D'autres prétendent, au contraire, qu'une prise de gaz est absolument inoffensive pour l'allure du fourneau, et qu'elle fournit gratuitement assez de vapeur pour en faire mouvoir la soufflerie.

Il nous reste à signaler, à propos des hauts-fourneaux, un progrès d'une telle importance, qu'il paraît être aujourd'hui une condition indispensable d'existence pour nos usines.

Nous avons déjà dit au prix de quels sacrifices les maîtres de forges de notre province parvenaient à se procurer de médiocres minerais. Nous avons dit encore comment le développement de nos exploitations se trouve entravé par la difficulté des transports et les prétentions exorbitantes des propriétaires de la surface. Ces circonstances devaient ruiner notre industrie, si l'on n'était enfin parvenu à découvrir des moyens d'élaboration pour les minerais oligistes.

Depuis longtemps, les maîtres de forges se préoccupaient de cette importante question, et les difficultés leur paraissaient insurmontables. Ainsi l'on reprochait à ces minerais d'être imprégnés d'une forte proportion de phosphore, qui devait enlever au fer ses qualités les plus essentielles. Au surplus, la plupart des oligistes présentaient une composition assez semblable à celle d'un silicate fusible; la chaleur d'un four à coke suffisait pour les fritter à la surface, et les recouvrir d'un enduit siliceux imperméable aux gaz désoxydants.

Il en résultait que la fusion du minerai s'opérait dans la cuve, que la silice se combinait à l'oxyde de fer; que le silicate ainsi formé arrivait sans altération dans les régions inférieures du fourneau; que, là, sa réduction au contact immédiat du charbon absorbait une somme considérable de chaleur; que l'équilibre thermométrique était rompu; et que l'on ne trouvait, dans le creuset refroidi, qu'une fonte blanche et froide, c'est-à-dire détestable.

Tous ces obstacles avaient ramené la timidité, les hésitations qui marquèrent les premières tentatives pour l'emploi du coke dans les hauts-fourneaux. Mais cette fois, grâce à l'intervention de la chimie, le progrès se fit moins attendre.

Ce fut la Société d'Ougrée qui prit l'initiative. Elle eut confiance dans son savoir industriel, et commença par s'assurer, dans les environs de Vesin, d'importantes concessions d'oligistes. Elle se livra d'abord à des essais non interrompus, qui furent bientôt couronnés du plus heureux succès.

On comprit que, pour traiter des oligistes, il s'agissait de les faire séjourner longtemps dans la zone de réduction, et de les associer à un flux alumineux qui les rendît moins fusibles.

La solution du problème résulta du mélange des oligistes avec le schiste houiller, de leur association avec d'autres mines plus lentes à descendre, et enfin de l'emploi d'un air chaud soufflé à faible pression.

Les résultats furent des plus concluants. On parvint à faire entrer dans les charges 50 % d'oligiste, sans qu'il se manifestât, dans la qualité des fontes, d'altération sensible. La Société d'Ougrée traite, paraît-il, des oligistes purs.

Depuis lors, le traitement des oligistes s'est répandu non-seulement dans toutes les usines de notre province, mais encore dans le Hainaut et le nord de la France.

Cette brillante découverte a affermi pour de longues années encore la situation de notre industrie sidérurgique. C'est ainsi que, malgré toutes les difficultés de sa position, elle s'est placée à même de vaincre sur les marchés de la Belgique, du nord de la France et de l'Allemagne, la concurrence de l'Angleterre.

CHAPITRE XXIV

Fabrication du fer.

SOMMAIRE. — PREMIER LAMINOIR A ÉTIRER LE FER. — DIFFICULTÉS DE CETTE INNOVATION. — FOURS A PUDDLER. — LEURS PERFECTIONNEMENTS. — PUDDLAGE SUR SOLES EN FER. — EMPLOI DE L'OLIGISTE POUR LA GARNITURE DES FOURS. — UTILISATION DES FLAMMES PERDUES. — EMPLOI DES CARNEAUX-CENDRIERS. — LAMINOIRS. — MACHINES HORIZONTALES. — DISPOSITION DE L'AXE INFÉRIEUR DES ÉQUIPAGES. — MARTEAU-PILON. — MOULIN A LOUPES. — SQUEEZERS.

Jusqu'en 1830, deux usines seulement, celles de Grivegnée et de Seraing, avaient adopté la méthode anglaise pour la fabrication du fer. C'est à M. Orban que revient l'initiative d'avoir établi à Grivegnée, en 1821, les premiers fours à puddler et le premier laminoir à étirer le fer en barres que l'on ait vus sur le continent.

Parmi les difficultés d'application qu'offrait la méthode anglaise, celles que présente l'opération du puddlage se placent certainement en première ligne. Le chargement du four, la conduite du feu, la formation des balles, étaient autant d'opérations qui réclamaient un coup d'œil exercé et une rapide manipulation.

Aussi rien n'est-il plus étonnant que la facilité avec laquelle les ouvriers liégeois ont su, en quelques années, acquérir l'habileté et l'expérience dont ils font preuve aujourd'hui.

La principale amélioration qu'ait subie l'opération du puddlage consiste dans la suppression du travail de la finerie. Cette manipulation avait pour objet de préparer la fonte à l'affinage, en lui faisant subir une épuration préalable et une décarburation partielle. Aujourd'hui les progrès introduits dans la construction des fours et dans la conduite du puddlage, peut-être aussi une allure meilleure de nos hauts-fourneaux, ont permis de supprimer, dans la fabrication courante, cette opération dispendieuse. La qualité de nos produits ne paraît pas en avoir beaucoup souffert, et les prix de revient en ont été notablement réduits.

Le puddlage sur sole en fer, dû à M. Bonnhill et pratiqué d'abord dans les usines de Charleroi, a encore été introduit à Liège par M. Orban. Cette innovation fut heureuse et importante, en ce qu'elle permit d'éviter complètement le contact de la fonte et des sables siliceux dont la sole était formée, et qui scorifiaient en pure perte une assez forte quantité de fonte. Le puddlage s'opéra désormais sur une plaque de fonte protégée par des scories, et rafraîchie d'abord par un courant d'eau, aujourd'hui par la circulation de l'air.

Nous signalerons encore l'emploi des minerais oligistes au lieu de castine pour la garniture des fours à puddler. Le calcaire avait souvent pour effet de rendre le fer sec et cassant; il se délitait dans le fourneau et produisait une scorie épaisse et abondante. Les minerais d'Angleur et de Vesin résistent au feu, fournissent une scorie bien fluide, et n'occasionnent, enfin, ni aucun déchet ni aucune détérioration dans la qualité du métal.

L'utilisation des flammes perdues des fours à puddler et à réchauffer a permis d'activer sans dépense de combustible les trains de laminoirs. Diverses dispositions de chaudières ont été adoptées dans les usines. Celles qui, jusqu'à ces derniers temps, avaient paru réunir le plus d'avantages sont les chaudières horizontales enterrées. Elles offrent, en effet, une grande surface de chauffe, s'adaptent facilement à une cheminée générale, n'occupent aucun espace, et enfin n'incommodent pas l'ouvrier par la chaleur rayonnante. D'autres modes d'installation sont cependant usités aujourd'hui.

Enfin, l'emploi des carneaux-cendriers constitue pour les fours à puddler un véritable perfectionnement. Ils favorisent la conservation des grilles, et facilitent la marche des fours en permettant l'affluence libre et abondante de l'air sur le foyer.

L'étirage du fer à l'aide du laminoir inaugura pour nous ce que M. Jobard appelle l'*industrie circulaire*. Ce puissant producteur a reçu dans nos usines des perfectionnements importants. Son travail a été divisé en deux opérations distinctes qui s'effectuent successivement par les cylindres ébaucheurs et finisseurs. Nos artisans se sont habitués à trouver des décroissements convenables dans la succession des cannelures, et à se jouer des difficultés qui résultent de la soudure des différentes qualités de fer et de la régularité de l'étirage.

La substitution des machines horizontales aux machines verticales dans les laminoirs a réduit de moitié les frais de premier établissement de ces appareils, en même temps qu'il en assurait la durée et en prévenait le chômage par une construction plus solide et plus simple. Leur seul inconvénient est l'usure inégale qui se manifeste sur le pourtour des pistons et des cylindres. Et encore s'est-on plu à exagérer cet inconvénient, dont les effets se sont singulièrement atténués par le guidonnage de la tige.

La disposition de l'axe inférieur des équipages au niveau du sol a facilité singulièrement le service des laminoirs. Il a suffi, en effet, de suspendre la tenaille du *rattrapeur* par une chaîne pour pouvoir se passer de l'ouvrier *crocheteur*.

Plusieurs appareils d'invention étrangère ont encore été introduits dans nos laminoirs et en sont devenus de puissants auxiliaires.

Nous citerons d'abord le marteau-pilon pour le cinglage des loupes et le soudage des paquets. Ce précieux appareil, aussi remarquable par la précision que par l'énergie de ses effets, est d'origine anglaise. Ses avantages sur tous les appareils de l'espèce consistent essentiellement en ce que la hauteur de chute et l'intensité du choc restent toujours à la disposition de l'ouvrier, et se prêtent avec un égal avantage à tous les travaux de la forgerie. L'horizontalité constante de la panne du marteau concourt encore à la régularité de la frappe. Enfin, il n'occupe que peu de place, et n'entraîne jamais de dépense inutile de vapeur.

Les squeezers, et surtout les moulins à loupes, sont encore des appareils qui, sous le rapport de la rapidité du travail, de l'économie de la force motrice et des frais d'établissement, l'emportent de beaucoup sur les marteaux de tous les systèmes. La rapidité avec laquelle ils fonctionnent procure des pièces chaudes et faciles à laminer. Enfin, ils ne détériorent pas la forge, comme le marteau, par des trépidations violentes et continues.

Nous terminerons ce chapitre par l'énumération de quelques inventions toutes fraîches, indigènes ou étrangères, sur lesquelles, d'ailleurs, des considérations faciles à comprendre ne nous permettent de donner aucun détail.

L'établissement d'Ougrée est parvenu à produire, à l'aide du laminoir, des bandages sans soudure qui jouissent aujourd'hui d'une supériorité incontestée.

L'usine française (Hautmont) des forges de la Providence fabrique, à l'aide du même appareil, une autre merveille de laminage. Ce sont des roues pleines pour wagons qui réunissent à la fois l'exactitude, l'élégance et la solidité.

En outre, plusieurs inventeurs se sont préoccupés de l'idée d'obtenir des tuyaux par l'étirage du fer sur mandrin fixe, et M. O. Delloye, de Huy, a pris un brevet pour le laminage des fers marchands au moyen de cylindres équilibrés. Cette innovation, appliquée dès aujourd'hui à l'établissement de M. Bonnhill, à Marchienne-au-Pont, lez-Charleroi, aura pour conséquence de réduire notablement le matériel de nos usines.

Il ne nous reste plus qu'à fournir la statistique de la fabrication du fer pendant la dernière période industrielle. Nous l'avons résumée dans le tableau ci-après :

ANNÉES.	USINES.	AFFINERIES.	FINERIES.	FOURS A PUDDLER.	FOURS A RÉCHAUFFER.	SQUEEZERS.	MARTEAUX FRONTAUX.	MARTINETS.	CISAILLES.	TRAINS ÉBAUCHOIRS.	GROS FER MARCHAND.	PETIT FER MARCHAND.	RAILS.	TÔLES.	FENDERIES.	OUVRIERS.	PRODUCTION : TON.	VALEUR : FR.
1845	10	7	5	64	59	1	12	7	21	12	5	4	2	10	5	1,552	25,737	7,048,826
1846	11	5	4	65	38	1	12	4	23	6	4	4	2	4	4	1,424	24,552	7,910,418
1847	12	7	5	65	50	2	11	7	25	9	6	4	2	7	5	1,559	30,853	8,446,840
1848	14	6	7	75	60	5	12	6	51	11	7	5	3	11	4	886	15,145	5,507,907
1849	15	6	7	79	69	4	13	6	55	12	5	5	3	9	4	1,256	21,572	4,255,887
1850	15	6	7	68	52	4	12	5	30	12	7	5	3	8	4	1,298	25,252	4,478,869
1851	15	5	7	62	59	2	12	5	22	8	7	7	3	7	5	1,452	25,795	4,030,457
1852	15	6	7	70	45	3	14	8	25	7	8	6	3	6	5	1,898	20,340	4,052,955
1853	15	6	10	96	50	3	15	8	55	8	11	7	3	6	5	2,088	53,318	7,780,621
1854	15	6	10	97	54	4	17	8	55	8	12	7	3	6	5	1,996	52,460	8,411,765
1855	17	9	7	114	68	5	18	12	44	10	15	6	4	16	5	2,457	54,765	15,309,631

CHAPITRE XXV

Usines à ouvrer le fer. — Fonderies. — Quincaillerie de forge et de fonderie.

SOMMAIRE. — FONDERIES ; CUBILOTS ET FOURS A RÉVERBÈRE. — SOUFFLAGE A L'AIR CHAUD. — FOURS A DEUX TROUS DE COULÉE DE M. FRÉDÉRIX. — PERFECTIONNEMENTS DES PROCÉDÉS DE MOULAGE. — QUINCAILLERIE DE HERSTAL. — FONTE MALLÉABLE.

Nous examinerons successivement, dans les chapitres qui vont suivre, toutes les industries qui ont pour objet le travail du fer, notamment la fonderie, la tréfilerie, la fabrication des clous et des pointes, des tôles et du fer-blanc.

L'art de jeter le fer en moules a fait chez nous de grands progrès depuis trente ans. On peut affirmer qu'à l'époque de la création de l'usine de Seraing, il n'existait pas, dans toute l'étendue de notre province, un seul ouvrier capable de couler un cylindre de machine à vapeur de quelque importance. On se rappelle encore que les frères Perier passèrent cinq années en vaines tentatives sans pouvoir réussir à fabriquer des canons. Depuis lors, le moulage a été poussé jusqu'à une perfection pour ainsi dire artistique. L'habileté de nos ouvriers s'est développée par la fabrication des machines à vapeur, qui réclamait de nos fonderies des pièces de moulage d'un poids énorme et de la plus exacte précision. Aussi nos artisans se sont-ils bientôt formés, et le Pays de Liége constitue certainement aujourd'hui, sous le rapport de la mise en œuvre de la fonte, l'un des centres les plus productifs et les plus avancés de l'Europe.

N'avons-nous pas vu, en effet, dans le courant de ces dernières années, nos fonderies concourir avantageusement avec l'Angleterre pour la production de vastes cylindres, d'énormes volants de machines à vapeur, tels que nous en réclament tous les jours la Hollande, l'Allemagne et la Russie ?

C'est encore à la faveur des perfectionnements des procédés de moulage que la fonte a pu être introduite dans la construction des ponts, des monuments et des bâtiments civils, et qu'enfin l'architecture métallique prend tous les jours des extensions nouvelles.

Depuis longtemps la fusion de la fonte s'opère dans le Pays de Liége à l'aide de deux appareils : le cubilot et le four à réverbère.

Le premier n'a peut-être pas atteint chez nous tout le degré de perfectionnement dont il est susceptible, tant sous le rapport de la production que sous celui de l'économie du combustible. Mais si, sous ce rapport, nous sommes surpassés par les Anglais, nous possédons, en retour, des fours à réverbère qui touchent de très-près à la perfection.

M. le général Frédérix, directeur de la Fonderie de canons, est l'auteur de deux améliorations importantes, l'une dans la construction, l'autre dans la conduite de ces appareils. Le premier, il a introduit dans la province de Liége le soufflage à l'air chaud, dont plusieurs appareils, établis d'après les idées de M. Faber-Dufaure, lui avaient permis d'observer les effets en Allemagne. Cette innovation a produit ici comme partout les meilleurs résultats. Elle a déterminé une économie notable de combustible, elle a activé le travail et diminué le déchet par oxydation. Enfin, elle a encouragé nos directeurs de hauts-fourneaux à tenter les essais dont ailleurs nous avons apprécié les heureux résultats.

Une autre amélioration consiste à pratiquer dans le four à réverbère deux trous de coulée superposés. Cette disposition permet de recueillir d'abord la fonte la plus chaude, et de l'employer ainsi au moulage de la volée de la pièce, tandis que la fonte froide s'emploie sans inconvénients pour former la masselotte.

Le perfectionnement des appareils de fusion et des procédés de moulage, la qualité supérieure de nos fontes enfin, nous ont peu à peu affranchi des importations anglaises. Nous fournissons ci-dessous, d'après des renseignements officiels, la statistique de nos fonderies.

ANNÉES.	USINES.	FOURS A réverbère.	CUBILOTS.	OUVRIERS.	Production : TONN.	Valeur : FR.
1845	13	9	28	558	5,910	1,556,441
1846	14	9	30	695	8,184	1,997,376
1847	15	9	29	442	6,927	1,716,300
1848	14	5	26	298	4,729	826,940
1849	15	11	30	504	5,290	909,751
1850	25	20	58	925	7,688	1,568,611
1851	26	20	41	698	7,244	1,370,809
1852	25	21	52	792	11,088	1,193,966
1853	25	21	56	1,594	16,745	3,769,288
1854	27	21	56	1,557	17,166	4,307,501
1855	27	21	54	Renseignements refusés.		

QUINCAILLERIE. — De tout temps le village de Herstal a monopolisé la fabrication des objets de quincaillerie. C'est là que se fabriquaient les scies, les faulx, les charnières, les équerres, les pentures, les supports, les pelles et pincettes, les serrures communes, les mouchettes, les tire-bouchons, les tourne-vis, les fourchettes, les fleaux de balance, les mors, les étrilles, etc., etc. Nous n'entrerons point dans le détail de toutes ces fabrications. Nous ne voulons que nous occuper un instant de la confection de la quincaillerie fondue introduite chez nous depuis quelques années.

L'art d'adoucir la fonte en lui enlevant du carbone par une cémentation inverse pratiquée à l'aide de la chaleur et d'un minerai de fer pulvérisé, était depuis longtemps répandu en Allemagne et en Angleterre. Ce procédé permettait de fabriquer en fer fondu une foule d'objets de quincaillerie auxquels on restituait ensuite leur ductilité. La quincaillerie étrangère menaçait de faire oublier les produits indigènes qui se fabriquaient à la forge. En 1838, MM. Lesoinne et Pirlot sauvèrent cette industrie en introduisant chez nous, à l'aide d'ouvriers anglais, la fabrication de la quincaillerie en fonte malléable.

Depuis lors, cette industrie s'est fort répandue, surtout à Herstal. Elle prête son concours à la fabrication des armes, en produisant économiquement toutes les garnitures de fusils. On confectionne en outre une foule d'articles de quincaille menue qui, par leur perfection et l'étonnante modicité de leurs prix, n'ont rien à redouter des manufactures étrangères. Ce sont, entre autres objets, des mouchettes, des casse-sucre, des casse-noisettes, des boucles, des éperons, etc., etc.

La fonte au bois a jusqu'ici été employée seule à cette fabrication.

CHAPITRE XXVI

Fabrication des clous et des pointes. — Tréfilerie.

SOMMAIRE. — FABRICATION DES CLOUS A LA MAIN. — A LA MÉCANIQUE. — AVANTAGES DES DEUX PROCÉDÉS. — FABRICATION DES POINTES. — TRÉFILERIE.

Avant 1830, la fabrication des clous était disséminée dans une multitude de petits ateliers établis sur tous les points de notre province. Elle occupait pendant les chômages de l'hiver une population de 5,000 ouvriers de tout sexe et de tout âge. Le chiffre de la production s'évaluait, année commune, à 5,000,000 de kil., valant environ 3,000,000 de fr.

Cette industrie constituait déjà un débouché important pour nos fers tendres au bois et au coke. Quelques espèces de clous de qualité supérieure réclamaient seules des fers forts.

Depuis lors, à côté de la fabrication des clous à la main, s'est élevée une industrie rivale qui s'est aidée des ressources de la mécanique et des machines à vapeur. La lutte s'est aussitôt engagée entre les deux industries, et le succès, qui, dans un avenir peu éloigné, se rangera inévitablement du côté des méthodes perfectionnées, a été jusqu'aujourd'hui de part et d'autre vaillamment disputé.

Ainsi la réussite des procédés mécaniques a été complète pour la fabrication des petits clous jusqu'à 13 ou 14 lignes de longueur. Les clous plus forts, jusqu'à 24 lignes, se font également bien par les deux procédés. Mais, à partir de cette dimension, les clous à la main retrouvent encore un incontestable supériorité. On sait, en effet, qu'ils doivent être découpés à froid; que les outils sont bientôt émoussés; que les produits sortent alors de la machine mal confectionnés, et que les frais d'entretien des outils qui seraient réclamés par une fabrication parfaite pourraient emporter toute l'économie de la méthode.

La clouterie mécanique n'en compte pas moins à Liége plusieurs établissements dont le plus important est celui de M. Dawans-Orban. La fabrication y est tout aussi perfectionnnée qu'à l'étranger, où elle a parfaitement réussi. Ce qui la prive chez nous d'une grande part de ses avantages, c'est l'habileté merveilleuse de nos ouvriers.

Nous ne suivrons pas les fluctuations de cette industrie. Nous dirons seulement que le Rapport de la Chambre de commerce constate pour cette année une stagnation complète dans les affaires.

Le tableau des exportations pour les trois premiers mois de 1856 à 1858 fait ressortir une diminution considérable sur les exportations des années précédentes, qui se sont élevées :

Pendant les 3 premiers mois de 1856, à 4,591,497 kil.
—   —   —   1857, à 3,666,049 »
—   —   —   1858, à 2,252,940 »

Donc, une diminution de 925,478 kil.

Dans le courant de l'année 1858, le salaire des ouvriers s'est élevé jusqu'à fr. 2-50. Aussi la clouterie a-t-elle demandé au commerce une quantité de fer sensiblement moindre que les années précédentes. C'est là évidemment ce qui fera disparaître la clouterie à la main.

Quant à la fabrication mécanique des clous en fil de fer dits pointes de Paris, elle a parfaitement réussi en Belgique.

Il y a quelques années, nous étions pour cet objet tributaires de la France et de l'Allemagne. Cette fabrication s'est introduite d'abord dans des conditions assez défavorables. La Belgique n'était pas encore parvenue à fabriquer elle-même son fil de fer. Toutes les pointes de fabrication belge étaient consommées dans l'intérieur du royaume; une très-petite quantité s'exportait en Amérique.

En 1836, l'établissement de plusieurs tréfileries vint changer la face de cette situation. Deux ans plus tard, notre province comptait un grand nombre de manufactures de cette espèce. Les progrès de cette industrie furent aussi rapides que l'avaient été ses développements; et, en 1850, le gouvernement belge ne craignit plus de décréter la libre entrée du fil à pointes.

Alors se sont ouverts pour nous d'importants débouchés. Les événements ont, il est vrai, quelque peu entravé nos relations; mais, au sortir de cette situation passagère, le Pays de Liége se sera enrichi d'une branche importante d'industrie.

CHAPITRE XXVII

Fabrication de la tôle.

SOMMAIRE. — FABRICATION DE LA TÔLE A L'AIDE DU FER AU COKE. — TÔLES FORTES POUR CHAUDIÈRES. — TÔLES FINES. — SUPÉRIORITÉ DE LA FABRICATION ANGLAISE. — RAPPORT DE LA CHAMBRE DE COMMERCE.

Nous avons vu que, sous l'administration française, les produits des laminoirs de Huy et de Chaudfontaine étaient hautement appréciés sur tous les marchés de l'Empire. Depuis cette époque, la fabrication de la tôle demeura longtemps stationnaire, et ne prit un nouvel élan qu'à partir du jour où l'on parvint à y employer le fer au coke.

La fabrication de la tôle forte a reçu une grande extension par suite du développement spontané qu'a pris en Belgique et à l'étranger la confection des chaudières. L'emploi d'un fer de qualité supérieure, les perfectionnements et l'économie croissante de la fabrication, nous permettent aujourd'hui de soutenir sur quelques marchés de l'étranger la concurrence de l'Angleterre.

Le laminage de la tôle fine au bois et même au coke a été poussé depuis longtemps, dans quelques usines de notre province, jusqu'à un état voisin de la perfection. On est parvenu à se procurer des produits d'épaisseur uniforme, parfaitement lisses, sans rides, sans gravelures, et parfaitement propres à l'étamage.

Il paraîtrait que l'Angleterre a récemment introduit dans sa fabrication une économie qui dérive non-seulement de la supériorité de l'outillage, mais encore de la suppression du marteau pour le soudage des brames. C'est là certainement une circonstance qui doit exercer sur la nature des produits une pernicieuse influence, et qui suffit à elle seule pour expliquer toute la supériorité des tôles de fabrication belge.

Au surplus, les Anglais sont parvenus à construire des laminoirs à mouvement alternatif. Un simple changement dans le sens de la rotation des cylindres permet d'éviter toutes les difficultés et les lenteurs du relevage. Il suffit d'engager une seule fois la tôle entre les deux cylindres pour qu'elle s'achève d'elle-même, sans manœuvre subséquente.

Le perfectionnement des fours à réchauffer paraît aussi contribuer à l'économie de cette fabrication. Les usines anglaises emploient des fours à réverbère à grille inclinée, soufflés par un ventilateur. Cette disposition évite l'oxydation et le déchet du métal, en même temps qu'elle met la rapidité du réchauffage en rapport avec celle de l'étirage.

Enfin, les bas prix des fers et des charbons sont encore autant d'avantages en faveur de la fabrication anglaise.

Cependant, malgré les difficultés de leur position, nos manufactures commencent à lutter avec succès. Quelques tôles anglaises s'introduisent bien à la vérité dans le pays, mais, en revanche, nos exportations se multiplient chaque année. Aussi la fabrication de la tôle n'a-t-elle pas cessé d'être florissante, et a-t-elle même profité des revers qui ont frappé les hauts-fourneaux et les laminoirs. L'avilissement du prix des fers leur a permis de soutenir la concurrence étrangère. C'est ainsi qu'en 1848 notre province comptait 11 laminoirs à tôle, c'est-à-dire 4 de plus que l'année précédente.

Voici ce que disait l'année dernière, de cette industrie, le Rapport de notre Chambre de commerce :

« Cette fabrication, qui se développe de plus en plus dans notre
» province, et surtout dans le district de Huy, s'est généralement
» trouvée en très-bonne position pendant cet exercice, quoiqu'elle
» ait été contrariée par la baisse constante des eaux.

» L'exportation s'en est accrue en 1857, et a atteint le chiffre
» élevé de 3,109,382 k., dans lequel l'arrondissement de Huy figure
» pour une bonne part. Pendant cette année, la France a été un
» débouché important par suite des facilités que le gouvernement
» impérial avait accordées antérieurement à l'introduction des tôles
» destinées aux constructions navales. Il est à regretter que cette
» mesure libérale ait été récemment modifiée d'une façon qui
» restreindra nécessairement nos relations avec la France.

» Le développement de nos exportations atteste la force et les
» bonnes conditions de production où se trouve l'industrie du
» laminage, puisque nos tôles ne jouissent nulle part d'un traite-
» ment de faveur, et doivent, sur tous les marchés étrangers, lutter
» avec les similaires de l'Angleterre. Nous ajouterons qu'elles doivent
» surtout à leur bonne qualité la recherche dont elles sont l'objet
» et la préférence qu'on leur accorde sur la tôle anglaise. »

CHAPITRE XXVIII

Fabrication du fer-blanc.

SOMMAIRE. — ÉTAT DE CETTE INDUSTRIE APRÈS 1830. — MANUFACTURE
DE MM. DOTHÉE. — FERS-BLANCS AU COKE. — FOURS A PUDDLER ET
LAMINOIRS. — PROCÉDÉ DE LAMINAGE. — SUPÉRIORITÉ DE CETTE
FABRICATION.

Nous avons déjà signalé les progrès importants que, grâce à M. Delloye, avait réalisés tout-à-coup dans la province de Liége la fabrication du fer-blanc. Mais si le problème semblait désormais résolu sous le rapport de la perfection des produits, il ne l'était pas au point de vue de l'économie de la fabrication.

En 1830, les usines de Liége arrivèrent en partage avec celles de Huy, et il y eut dans notre province quatre manufactures de fer-blanc. Toutefois, les commandes diminuèrent par suite de la concurrence du zinc laminé. Les fers-blancs anglais, auxquels on attribuait plus de brillant et de ressort, firent à l'étranger une concurrence difficile à soutenir pour nos produits.

Le tableau suivant rend compte de cette situation :

ANNÉES.	IMPORTATIONS.	EXPORTATIONS.
1831	154,910 kilog.	470
1832	191,940 »	3,007
1833	232,787 »	3,330
1834	124,168 »	1,584
1835	128,488 »	3,172
1836	65,634 »	1,691
1837	252,489 »	661
1838	187,087 »	5,345

En 1845, il n'existait plus dans la province de Liége que deux manufactures de fer-blanc : l'une à Huy, l'autre à Chênée. La fabrication s'alimentait exclusivement de fer au bois tiré du Pays de Namur et de l'Entre-Sambre-et-Meuse. Le laminage du fer s'opérait comme pour la tôle ordinaire, ce qui ne supposait à un laminoir bien établi qu'une production de 500 à 600 kil. de tôle achevée par 24 heures.

A la fin de cette même année, MM. Dothée donnèrent enfin une impulsion nouvelle à cette fabrication, et lui créèrent une situation plus digne de nos ressources et de notre industrie. Dans la nouvelle usine qu'ils établirent à Longdoz, ils suivirent jusqu'en 1847 les traces de leurs concurrents. Mais, dès 1848, ils y firent établir des laminoirs à l'anglaise pouvant produire 2,000 à 2,200 kil. de tôle par 24 heures. Ils tentèrent même, en 1850, une expédition de fer-blanc en Amérique. Mais on ne pouvait espérer aucun succès avec des produits fabriqués à l'aide du fer au bois. La cherté des matières premières les frappait d'une infériorité que l'économie mieux entendue de la fabrication était impuissante à compenser. Aussi MM. Dothée firent-ils fabriquer, avec une excellente fonte au coke, des brâmes à tôles dont ils parvinrent à fabriquer d'excellents produits. Le bénéfice, il est vrai, était insignifiant. Ils acceptèrent néanmoins des ordres importants, persuadés que l'extension de leur industrie leur assurerait bientôt des avantages plus sérieux.

Malheureusement, parmi les brâmes qu'ils reçurent pour l'exécution de leurs commandes, il s'en rencontrait d'excellentes à côté de produits de médiocre qualité qui ne fournissaient que des fers-blancs très-défectueux. MM. Dothée durent donc résilier leurs engagements; mais un fait important leur était acquis : c'est qu'avec du fer au coke convenablement choisi, on pouvait fabriquer des fers-blancs égaux en qualité aux meilleures marques anglaises.

C'était même là un degré de perfectionnement que n'avaient pas encore atteint les fabricants anglais (usine du Staffordshire). Car, pour les qualités supérieures de fer-blanc, ils n'employaient guère qu'une excellente fonte au coke qu'ils élaboraient, non dans le four à puddler, mais dans le foyer d'affinage au charbon de bois.

· MM. Dothée résolurent de mettre à profit leur découverte ; seulement ils comprirent que le succès de leur industrie dépendait de la qualité du fer qu'ils auraient à mettre en œuvre, et résolurent d'écarter une circonstance fertile en mécomptes en fabriquant eux-mêmes leurs brâmes à tôle.

Il était dès lors du plus haut intérêt d'apporter dans le choix des fontes la plus scrupuleuse attention.

Mais comme une fonte excellente n'assure pas toujours la qualité du fer ; comme celle-ci dépend encore de l'opération du puddlage, ils conçurent leur fabrication sur un plan plus vaste. Ils résolurent d'établir 9 fours à puddler, d'opérer le triage des produits, et d'utiliser à la confection des bandages de roues le fer qui ne pourrait convenir à la fabrication de la tôle.

C'est à ce prix que MM. Dothée se sont assurés d'une manière économique et permanente la bonne qualité des matières qu'ils mettent en œuvre.

Le choix des fontes étant convenablement fait, il s'agit de surveiller l'allure du four à puddler, de manière à obtenir un fer qui ne soit ni brûlé ni fibreux, mais qui présente dans tous les points de sa masse un grain serré, brillant et uniforme.

Il est impossible d'obtenir constamment de l'ouvrier puddleur un fer propre à la fabrication du fer-blanc. Fréquemment le métal sort du train ébaucheur en présentant une texture fibreuse qui témoigne, ou d'une opération trop prolongée, ou d'une tempé-

9

rature trop soutenue. Ce métal, quoique alors impropre au laminage, n'en est pas moins de qualité supérieure, et le commerce le
confond avec le fer au bois. Cette circonstance explique la nécessité d'avoir un grand nombre de fours à puddler et un laminoir
pour toute fabrique de fer-blanc qui voudra obtenir d'une
manière courante des tôles de belle et bonne qualité.

Les loupes cinglées sous le marteau sont étirées en brames de
0^{m}20 de largeur. Ceux-ci sont découpés en bidons, dont la longueur est mise en rapport avec l'épaisseur de la tôle que l'on veut
fabriquer.

Les bidons sont réchauffés et laminés séparément dans un premier train d'espatards de grand diamètre. Chaque tôle obtenue est
saisie par un ouvrier qui la replie sur elle-même et la porte dans
le four à réchauffer. Elle passe ensuite une seconde fois au laminoir.
Chaque feuille en fournit ainsi deux autres de même dimension que
la première, mais dont l'épaisseur est réduite de moitié. Ces deux
dernières, encore juxtaposées, passent à la cisaille, et fournissent,
presque sans déchet, 6 couples de feuilles d'environ 0,30 sur 0,40.

Cette fabrication remplace avantageusement le laminage de la tôle
en paquets; car, ici, il n'est point nécessaire que la feuille conserve
ses dimensions, puisqu'elle doit être découpée pour l'étamage.
Dans la méthode ordinaire, chaque feuille donne un déchet des
quatre côtés de son rectangle; dans le procédé dont il s'agit, les
deux feuilles extrêmes fournissent seules, et d'un seul côté, une
rognure insignifiante.

Tels sont les perfectionnements importants réalisés par MM. Dothée.
Leur usine peut fournir chaque jour 3,000 à 3,500 feuilles à des
prix économiques, tandis que l'ancien procédé n'en crée que 700 à
800, et encore, pour atteindre cette production, les ateliers
d'étamage doivent-ils, sans interruption, fonctionner jour et nuit.
Cette infériorité résultait surtout des lenteurs du laminage.

Ce qui entrave encore aujourd'hui le développement de la fabrication du fer-blanc, c'est l'absence de débouchés. Les marchés de
la France et de l'Allemagne sont fermés par des droits protecteurs;
ceux de la Belgique, de la Suisse et de l'Amérique réclament seuls
nos produits.

Les succès obtenus dans la fabrication du fer-blanc par
MM. Dothée et Delloye nous font néanmoins espérer qu'ils ont enfin
conquis au Pays de Liége une fabrication importante.

CHAPITRE XXIX

Résumé et conclusion.

SOMMAIRE. — INFLUENCE DES PROGRÈS DE LA SIDÉRURGIE SUR LES PROGRÈS DE LA CIVILISATION GÉNÉRALE. — RÉSUMÉ DES PHASES DIVERSES DE NOTRE INDUSTRIE. — SITUATION ACTUELLE. — LIBRE ENTRÉE DES FONTES ET DES FERS.

Remonter à l'origine de notre industrie sidérurgique ; en étudier les phases et les transformations graduelles ; en rechercher les développements dans leur génération et leur subordination nécessaires ; déterminer à chaque pas par quelle élaboration une idée a surgi, un progrès s'est accompli, établir enfin par quel concours de circonstances matérielles et de dispositions heureuses cette industrie s'est élevée de l'état rudimentaire à ses perfections successives ; rechercher, exhumer en quelque sorte les titres d'une supériorité industrielle pour ainsi dire héréditaire et d'une vieille renommée trop peu connue aujourd'hui ; établir l'influence du développement industriel sur le développement de la civilisation générale, et le haut rang que le peuple liégeois a conquis par là dans l'histoire de l'humanité : telle est la tâche que nous nous sommes imposée et que, dans la limite de nos forces, nous venons d'accomplir.

Souvent la rareté des documents nous a dérobé des faits précieux, en ne laissant place qu'à des inductions difficiles et peu sûres. Il nous restait tout au plus quelques traditions que nos ancêtres ont laissées s'affaiblir autour d'eux. Souvent, en remontant vers les sources de notre histoire, le témoignage écrit nous a fait défaut. Nous nous sommes aidé alors de ces traditions ; nous avons recherché la filiation nécessaire qui subsiste entre les développements et les progrès de l'industrie sidérurgique ; nous avons comparé les faits et les dates ; nous avons puisé à toutes les sources, discuté tous les témoignages ; mais nous n'avons pu nous résigner à passer sous silence des événements glorieux pour notre pays, des éclaircissements importants pour l'histoire de la sidérurgie. Telles sont la découverte de la fonte, l'invention des hauts-fourneaux et de la cémentation du fer. Si, à cet égard, tous nos efforts n'ont su produire qu'une œuvre bien imparfaite, nous pouvons espérer au moins d'avoir signalé dans nos archives une source féconde où l'érudition pourra largement puiser.

Souvent aussi nous nous sommes efforcé, après avoir indiqué les progrès qui s'accomplirent dans tous les arts qui sont du domaine de la sidérurgie, de passer à des aperçus plus larges et plus généraux, de mettre en lumière cette coïncidence remarquable qui s'observe à toute époque entre les perfectionnements de l'industrie et ceux de la civilisation générale. Et, sans sortir du cadre où nous a circonscrit notre sujet, n'avons-nous pas à chaque instant retrouvé les causes de la supériorité industrielle du peuple liégeois dans une organisation politique dont l'Europe n'avait encore offert aucun exemple; dans une vitalité sociale toujours en éveil et agissante; dans le développement des qualités les plus heureuses de l'intelligence, et enfin dans un amour indomptable de la liberté?

Ainsi l'histoire des progrès de la sidérurgie n'est pas renfermée tout entière dans l'étude des appareils qu'elle mit en œuvre, dans l'appréciation de ses pratiques et de ses méthodes. Elle a une portée plus large, car elle résume, avec les progrès de l'industrie humaine, les perfectionnements de la civilisation matérielle elle-même. Les sciences économiques ont jeté de grandes clartés sur cette question; elles ont découvert un principe qu'elles rappellent volontiers : c'est que la civilisation d'un peuple est en raison de la quantité de fer dont il dispose. Dès lors, chacun des progrès de la sidérurgie correspond à une satisfaction plus large et plus complète des besoins physiques et moraux qui gisent dans la nature humaine.

Nous avons encore apprécié l'influence heureuse de l'administration française sur le développement de notre industrie et sur la révolution qui s'accomplit dans son domaine. Dès lors, son point de départ n'est plus seulement l'enseignement de la routine; elle s'avance éclairée par la science, et l'intelligence intervient plus profondément dans le travail pour le féconder et en élargir la sphère.

L'administration hollandaise est marquée par un vaste développement des forces productrices. C'est le début des grandes conceptions industrielles, des vastes combinaisons financières. Cette époque se personnifie dans deux hommes, Cockerill et Orban, dont nous laisserons à une autre voix l'appréciation tout entière.

« Désormais, dit M. Capitaine, la carrière est ouverte, l'élan est

» donné ; l'impulsion se propage comme par un courant électrique.
» Aux timides, aux hésitantes conceptions, aux traditions de la
» routine, succèdent l'esprit d'entreprise et l'amour du progrès.
» Loin de céder aux inspirations d'un étroit égoïsme, loin de
» comprimer ce mouvement régénérateur d'où naissent des indus-
» tries rivales, Cockerill et Orban secondent tous les efforts ; tout
» procède de leur influence, tout s'émeut, s'agite, et, en quelques
» années, les vallons de la Meuse et de l'Ourthe se couvrent de
» hauts-fourneaux, de houillères, d'ateliers, de forges où le bruit
» de l'enclume et la voix retentissante de la vapeur proclament à
» l'envi l'avénement et le règne de l'industrie liégeoise. »

Puis vient enfin la période glorieuse de notre indépendance. La
Belgique inaugure ses nouvelles destinées en tendant, comme dit
Pascal Duprat, ces bras de fer d'un peuple à l'autre, et en donnant
ainsi des messagers actifs, ardents, infatigables à la liberté commerciale ; en lui apprenant à franchir toutes ces barrières élevées
par le hasard et les conquêtes, les calculs dynastiques et les
caprices de la diplomatie.

Alors commence entre nous et l'Angleterre cette rivalité industrielle, cette lutte commerciale si courageusement entreprise et
si ardemment poursuivie. Disons-le avec orgueil, chaque jour tend
à affaiblir la distance, à effacer la supériorité qu'à la faveur de
cinquante années de paix et de prospérité avaient su prendre sur
nous nos concurrents d'outre-mer.

Et cependant notre situation commerciale et industrielle avait
suscité dès ses débuts autant d'appréhensions et d'inquiétudes
que nos prospérités ultérieures soulevèrent plus tard de rivalités
et de jalousies.

« De toutes les provinces du continent, dit M. Flachat, la Bel-
» gique est celle dans laquelle la nouvelle fabrication s'est déve-
» loppée avec le plus de rapidité et a pris la plus grande extension.
» Très-rapprochée de l'Angleterre par sa constitution géologique,
» sa population industrieuse et compacte, elle a, comme celle-ci,
» été pressée d'utiliser ses bassins houillers et ses abondants
» gisements de minerais. Elle a adopté *presque servilement* tous les
» procédés étrangers, s'est mise à fouiller son sol, à le couvrir
» d'immenses établissements, et bientôt elle s'abandonnait, sans
» mesure et sans relâche, à la production de la fonte et du fer. »
» Malheureusement pour la Belgique, elle n'a de commun avec

» l'Angleterre que la possibilité de faire du fer à bon marché; son
» territoire est restreint, sa consommation très-limitée, et ses
» débouchés extérieurs se sont annulés depuis sa séparation de la
» Hollande. C'est cependant depuis qu'elle a été soumise à de si
» fâcheuses conditions qu'elle a principalement développé son
» industrie métallurgique; aussi n'a-t-elle pas tardé à recueillir les
» fruits amers de son téméraire esprit d'entreprise et de sa fatale
» imprévoyance. Ses produits sont restés sans emploi, sans valeur,
» et la plupart de ces fourneaux élevés à grands frais, de ces
» ateliers autrefois si actifs, ont bien été obligés de s'éteindre, de
» cesser leurs travaux.

» Telles sont pour ce pays si beau, si riche, et, sous tant de
» rapports, si digne de l'intérêt général, les tristes conséquences
» de la fâcheuse position commerciale dans laquelle il est placé.
» Impuissant à se relever par ses seuls efforts, il n'y a plus d'avenir
» pour lui que dans sa réunion *douanière ou politique à la France*,
» ou tout au moins dans son adhésion à un vaste système de
» douane par lequel la Prusse prépare la reconstitution de l'unité
» de l'Allemagne. »

Il est inutile de rappeler la date à laquelle ces lignes ont été
écrites; de faire ressortir l'exagération qui y domine, de mettre en
relief le déplaisir secret qui les a dictées. On n'y voit que trop
paraître les tendances les plus vives, les rêves les plus caressés de
la politique française.

Mais, après avoir fait la part de l'exagération, après avoir assigné
celle qui revient à l'esprit de dénigrement et de parti, il en reste
une aussi pour la vérité. L'histoire industrielle de la Belgique depuis
1830 nous montre une série de périodes, d'activité fiévreuse, ou
de profonde détresse, procédant par cycles décennaux où sont
contenus encore tous les degrés d'une situation transitoire.

Les causes de ce phénomène économique tiennent d'abord à des
influences générales auxquelles rien ne peut nous soustraire. Elles
dérivent de ces commotions politiques, de ces guerres nationales
ou civiles qui se répercutent violemment dans notre situation. Mais
elles dérivent encore et surtout de cet engoûment qui parfois ne
compte plus avec la consommation, et développe outre mesure les
forces productrices.

A part ces considérations, nous subissons encore tous les inconvénients qui, fatalement, sont le partage des territoires restreints et

commercialement à la merci de l'étranger. L'œuvre patriotique de
1830 nous a privés non-seulement d'un marché de cinq millions de
consommateurs, mais encore d'un vaste champ d'exportation loin-
taine. Mais cette situation, nous l'avons acceptée comme le prix
de notre indépendance politique, et nous saurons nous y résigner
jusqu'au jour où le progrès fera prévaloir en Europe un système
plus libéral de transactions commerciales.

Mais, avant de réclamer de la part des nations le sacrifice de leurs
intérêts, ne serait-il pas à propos d'abaisser les barrières que nous-
mêmes avons élevées au libre-échange? Spectacle étrange! la Belgique
est, après l'Angleterre, le foyer de production le plus puissant de
l'industrie sidérurgique, et la législation douanière y accorde aux
maîtres de forges une protection de 24 % sur les fontes et de 20
sur les fers!!

Faut-il voir dans ces chiffres la mesure de notre infériorité
vis-à-vis de nos concurrents d'outre-mer? Nullement. Nos produc-
teurs eux-mêmes joindraient leur voix à celle des partisans de la
réforme douanière pour repousser cette assertion. Ils font mieux :
ils livrent à la Hollande, en dépit des frais de transport et de la
rivalité britannique, des fers et des fontes belges à des taux inférieurs aux cours ordinaires de Liége et de Charleroi : déplorables
effets d'une législation qui leur permet de prélever sur le consom-
mateur belge un impôt antinational, inique, exorbitant ! Aussi,
tandis que la consommation par tête s'élève en Angleterre à 2
tonnes de houille et 65 kil. de fer, les chiffres correspondants ne
sont, pour la Belgique, que de 1 tonne et de 33 kil. N'est-ce pas là
la triste conséquence d'un régime qui permet aux maîtres de forges
d'imposer, de par la loi, les instruments les plus essentiels du travail
et de la richesse publique ?

Cette question, agitée parmi nous, a soulevé de toutes parts des
débats irritants. Elle a suscité, d'une part, les attaques courageuses
des intérêts généraux ; d'autre part, les coalitions, les colères
violentes des intérêts menacés. Mais, à côté des récriminations, des
alarmes de l'égoïsme, nous sommes heureux d'avoir à signaler des
exemples de désintéressement commercial, de tendances nationales
et progressives. Déjà, en 1840, M. Orban, le plus grand propriétaire
de charbonnages de notre province, réclamait, au nom des intérêts
belges, la libre entrée du charbon de terre. Plus tard encore, il
demande, au mépris de ses avantages, la réduction des droits sur

les fers tréfilés. Enfin, tout récemment, nous avons vu M. de Rossius-Orban, poursuivant les traditions libérales de la famille qu'il représente, s'associer à notre Chambre de commerce pour réclamer la libre entrée des fers et des fontes et, en général, la liberté de toutes les transactions mercantiles.

Espérons que nos maîtres de forges et nos associations financières sauront imiter ce patriotique exemple ; qu'ils répondront ainsi aux accusations de timidité, de routine et d'ignorance qui les poursuivent ; qu'ils cesseront de craindre à l'intérieur, avec la protection naturelle des frais de transport, une concurrence qu'ils soutiennent si bien à l'étranger ; que leur opposition saura se taire devant l'intérêt national, et qu'ils céderont enfin à ce mouvement de réforme irrésistible, immense, qui travaille, au profit du progrès, toutes les institutions de l'Europe.

FIN

TABLE DES MATIÈRES

—

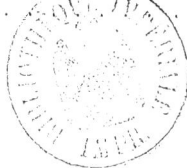

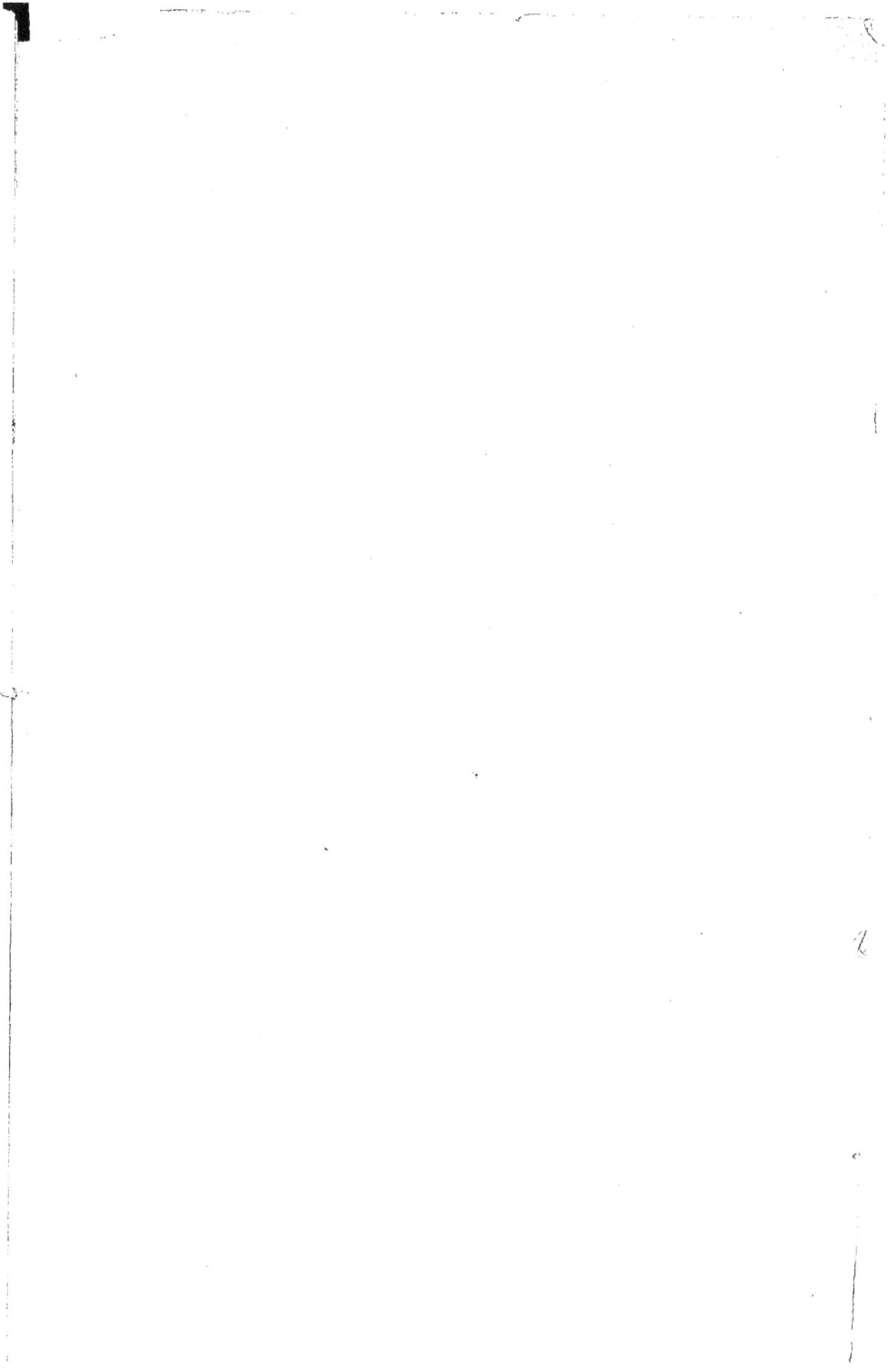

www.ingramcontent.com/pod-product-compliance
Lightning Source LLC
Chambersburg PA
CBHW062002200326
41519CB00017B/4639